Geometria e estética

Antonio Rodrigues Neto

Geometria e estética

Experiências com o jogo de xadrez

Direitos de publicação reservados à:
Fundação Editora da UNESP (FEU)
Praça da Sé, 108
01001-900 – São Paulo – SP
Tel.: (0xx11) 3242-7171
Fax: (0xx11) 3242-7172
www.editoraunesp.com.br
www.livrariaunesp.com.br
feu@editora.unesp.br

CIP – Brasil, Catalogação na fonte
Sindicato Nacional dos Editores de Livros, RJ

R614g

Rodrigues Neto, Antonio
Geometria e estética: experiências com o jogo de xadrez/Antonio Rodrigues Neto. – São Paulo: Editora da UNESP, 2008.

Inclui bibliografia
ISBN 978-85-7139-827-6

1. Matemática – Estudo e ensino. 2. Jogos educativos. 3. Xadrez. I. Título.

08.2066 CDD: 510
CDU: 51

Editora afiliada:

Sumário

Apresentação

Tentar construir estratégias em sala de aula que consigam melhorar a qualidade da relação de aprendizagem sempre será um desafio para os professores. No caso da Matemática, em que foi cultivado na cultura escolar o mito de sua dificuldade, há necessidade de estratégias que deem prazer e desenvolvam o sabor por experiências matemáticas. Essa é uma das sínteses que me levaram a experimentar o jogo de xadrez em sala de aula.

Em 1988, o xadrez ainda era um jogo desconhecido por grande parte dos alunos da escola pública com os quais eu trabalhava. Minha intenção inicial era usá-lo como recurso que despertasse nesses alunos o prazer pelo pensamento lógico. Entretanto, surgiu o obstáculo de não existirem tabuleiros e peças desse jogo na escola, um obstáculo que teve como resultado a dissertação de mestrado e a elaboração deste livro.

O que podia ser usado apenas como um jogo lógico passou a ser observado *como um artefato* a ser produzido. Da experiência com o jogo de xadrez surgiram também experiências com a atividade de confecção. Uma atividade que aproximou a geometria da estética, e vice-versa. As formas e os movimentos de cada peça teceram uma rede de atividades, de questionamentos e de reflexões apresentadas aqui em seis capítulos.

Assim, o jogo de xadrez passou a ser usado não só como um recurso para a produção de problemas e desafios, ou mesmo para melhorar a concentração, a organização e a interatividade social que muitos jogos propiciam, como também passou a ser um objeto, uma ferramenta que produz as mais variadas experiências matemáticas.

Capítulo 1

Recortes e confecções no currículo de Matemática

Ilustração do livro *Did You Say Mathematics?* de Ya. Khurgin

Um dos fatores que contribuem muito para a existência de dificuldades de aprendizagem do conteúdo matemático está *na escolha e na forma de ensinar esse conteúdo*. Um problema que já foi e continua sendo abordado por muitos documentos, como a Proposta Curricular para o Ensino de Matemática (CENP, 1992) e os Parâmetros Curriculares Nacionais (MEC, 1998).

Em geral, os cursos de Matemática e seus currículos têm uma estrutura na qual os conceitos são classificados e hierarquizados em uma única direção e sentido. Isso somado a uma grande parcela de livros didáticos, com a mesma estrutura, constrói uma cultura matemática com a aparência de que ela se desenvolveu sem nenhum conflito. Problema é sinônimo de conflito e a história da Matemática sempre o indicou como a alavanca para o desenvolvimento dos conceitos.

Muitas vezes, o currículo de Matemática parece um trem com numerosos vagões seguindo uma regra rígida de que é proibido mudar de ordem. Claro que um conceito pode depender de outro, mas isso não significa que haja uma ordem determinada e específica. Um professor pode definir a necessidade da técnica das quatro operações para a vida de seus alunos nas primeiras séries do Ensino Fundamental. Isso, porém, não deveria excluir as possibilidades de os alunos interagirem com outros conceitos matemáticos enquanto essas técnicas estiverem sendo ensinadas. A falta de *relações e interfaces entre o próprio conteúdo de Matemática* e deste com outras áreas do conhecimento complica o entendimento e o significado dos conceitos.

As consequências são graves. A técnica de resolução da equação de segundo grau é eternamente ensinada na 8ª série, quarto ciclo do Ensino Fundamental, gastando um bom tempo de professores e alunos apenas na aplicação da fórmula, enquanto os conceitos de geometria métrica e projetiva com aplicações nos objetos produzidos pela nossa sociedade de consumo não são desenvolvidos com o mesmo empenho. Mesmo o conceito de probabilidade, tão aplicado pela ciência moderna ou nos jogos, fica condicionado a ser ensinado apenas no Ensino Médio. Na escola, o conhecimento que *aparenta* ser o mais importante ou interessante sempre está um passo à frente de quem precisa alcançá-lo, o aluno. A relação entre *o que se ensina e o que ainda precisaria ser ensinado* gera um *problema* parecido com um dos paradoxos de Zenão, que trata da corrida entre Aquiles e a Tartaruga. Aquiles dá uma certa vantagem à tartaruga no início da corrida e nunca mais consegue alcançá-la. O argumento do paradoxo é que, quando

Aquiles passa pelo ponto onde estava a tartaruga, esta já havia-se deslocado, fato este que se repete sempre, impossibilitando que Aquiles a alcance.

O paradoxo de Zenão, como muitos outros paradoxos, é um *truque de argumentação.* Nele, não está sendo considerado o tempo como uma das variáveis do movimento e, portanto, não é aplicada a importante *regra* da velocidade. Muitas vezes, uma regra não é percebida ou descoberta. No caso dos gregos, a dimensão do tempo não era considerada parte dos fenômenos. Isso facilitava a armadilha nesse tipo de argumentação utilizada por Zenão. O *tipo de pensamento* predominante na época condicionava o movimento só ao espaço.

Assim, com alívio podemos afirmar que Aquiles alcançará a tartaruga se a *velocidade dele for superior à dela,* o que, no caso, não é difícil. A regra da velocidade, que é a razão entre o espaço percorrido e o tempo gasto, é fundamental para a resolução desse problema. Será que as regras estabelecidas pela escola para a confecção de um currículo não estão sendo também vítimas de um *truque semelhante* ao paradoxo de Zenão?

Com a devida transposição, muitos currículos elaborados pela escola produzem o mesmo tipo de paradoxo. As informações e os conceitos matemáticos mais importantes para a vida contemporânea estão sempre deslocados um passo à frente, tanto do aluno como do professor. *A regra do pré-requisito* é uma das causas desse problema e imobiliza as ações para que outras regras, de como o conhecimento se opera, sejam percebidas pelo professor. Na Matemática, por exemplo, as informações sobre os fractais em que podem ser feitas relações com vários conceitos geométricos, por meio de experiências sobre a *forma* de um objeto, não são experimentadas nem no Ensino Médio. Esse fato não é resultado de uma escolha dos professores e, sim, de um condicionamento na forma de abordar o conteúdo na sala de aula, não permitindo a experiência de se inserir novas informações e conceitos durante o aprendizado de outros. Tal análise não tem nenhum tipo de julgamento em relação à qualidade do conhecimento de acordo com a época em que é produzido. Antigos conhecimentos matemáticos, como o método empregado pelos egípcios para o cálculo da área das terras, às vezes são muito mais interessantes e desafiadores do que os conteúdos aparentemente mais recentes. A análise aqui está centrada no questionamento e na dinâmica de organização do conhecimento.

Da mesma forma que *uma regra* não deixa Aquiles alcançar a tartaruga, um outro tipo de regra que *lineariza e hierarquiza* o conhecimento como se fosse um conjunto de vagões não dá oportunidade ao aluno, durante seu período escolar, de experimentar *outras informações, conceitos e processos de aprendizagem*, enfim, *outros conhecimentos*. Nunca dá tempo.

1. Conhecimento desenvolvido e conhecimento aprendido

Um dos problemas do currículo de Matemática está diretamente relacionado ao conflito entre o conhecimento matemático desenvolvido e o conhecimento que precisa ser aprendido. A Matemática, como qualquer outra disciplina, tem um acúmulo muito grande de informações e conceitos. Um crescimento assustador a cada dia que passa,[1] e uma questão que se torna bem complexa quando o objetivo é *ensinar* o conhecimento que foi produzido pelo homem. O que deve ser mais relevante em um currículo de Matemática?

A escolha do conteúdo é um dos principais problemas na elaboração de um currículo. As informações, as definições, os conceitos e os procedimentos não podem ser escolhidos de forma aleatória. É fundamental considerar o perfil do aluno e da comunidade em que ele está inserido. Desconsiderar essas variáveis é estimular outra pergunta: *para que serve a Matemática?* Uma pergunta que não é apenas dos alunos. Os próprios professores fazem-na de forma silenciosa diante das dificuldades em construir melhor a relação ensino-aprendizagem na sala de aula, e, muitas vezes, ela não é devidamente explorada porque é interpretada como uma consequência das dificuldades no cotidiano de aprendizagem. No entanto, é por meio dessa pergunta que podemos construir outras em

---

[1] No fim da década de 1940, John von Neumann estimou que um matemático hábil poderia saber, essencialmente, 10% do que estava disponível. (DAVIS e HERSH, 1985, p.43).

nosso cotidiano escolar, como: *qual o conteúdo de Matemática com mais significado para os alunos? Qual o conteúdo mais desafiador?*

São questões complexas que conduzem necessariamente à ação de *ter de escolher uma parte do conteúdo*, metaforicamente, de ter de *recortar*. Uma ação que está presente em qualquer área do conhecimento, seja na condição de produzi-lo, seja na de transmiti-lo. Nessa escolha, ou recorte, temos sempre de optar apenas por *uma parte de um todo bem maior*.[2] Para um professor que elabora um currículo, é importante entender quais são os aspectos mais relevantes da *parte escolhida ou recortada* para ser ensinada e aprendida, e se esses aspectos vão ao encontro das necessidades dos alunos e dos objetivos da escola. A importância dessa análise para o currículo de Matemática se coloca quando se utiliza o conteúdo da história da Matemática para a aprendizagem dos conceitos. Com esse conteúdo, muitas vezes, constrói-se um encadeamento de conceitos de forma bastante equivocada.

Por exemplo, uma escola quer mostrar para seus alunos, pela história da Matemática, como ocorreram os processos de desenvolvimento do número e das quatro operações. Nas primeiras séries do Ensino Fundamental é dado esse enfoque com os vários algarismos criados por diferentes civilizações. Até aqui são informações que podem ser interessantes e divertidas, no entanto precisam ser relacionadas com outras *informações também fundamentais* para estimular o desenvolvimento do pensamento matemático. Não apresentar noções e conceitos geométricos e suas relações com a aritmética é excluir um conjunto de experiências importantes para o aprendizado do conteúdo de Matemática.

Muitas vezes, um recorte ou uma escolha fica preso a detalhes incluindo informações irrelevantes e excluindo as mais relevantes. A

---

[2] Na impossibilidade de abraçar, num único golpe, a totalidade do Universo, o observador recorta, destaca, dessa totalidade, um conjunto de seres e fatos, abstraindo todos os outros que com eles estão relacionados.
A um tal conjunto daremos o nome de isolado; um isolado é, portanto, uma secção da realidade, nela recortada arbitràriamente. É claro que o próprio fato de tomar um isolado comporta um erro inicial – afastamento de todo o resto da realidade ambiente –, erro que necessàriamente vai se refletir nos resultados do estudo. (CARAÇA, 1978, p.112)

história da Matemática tem de ajudar o professor a escolher os conteúdos com abordagens mais significativas para o aprendizado dos conceitos, e não enrijecer suas ações e reflexões em um eixo do tempo com uma única direção e sentido. Quando o objetivo é ensinar um conceito, a abordagem pode ser feita do presente para o passado, ou vice-versa. Dois sentidos que servem para construir contrapontos e reflexões no desenvolvimento dos conceitos em sala de aula. Então podemos estudar a história da contagem desde o ábaco ou desde uma moderna máquina eletrônica de calcular. Os dois caminhos são possíveis. Os dois casos estão contidos na história da Matemática e os dois instrumentos podem servir para discutir toda a história da contagem. Tudo depende do *recorte do conteúdo* e da abordagem. É muito complexo e quase impossível seguir todas as etapas do desenvolvimento de um conceito ou de um procedimento. É sempre necessário recortar uma parte excluindo várias relações. Por isso, o primeiro ponto que devemos ressaltar é que na elaboração de um currículo são feitos *recortes e não um único recorte.* Neles, estão a escolha de informações, conceitos e procedimentos definidos pela escola como os mais importantes para a vida do aluno. Esse primeiro aspecto conduz a uma relação direta com o segundo problema, que está relacionado *com as conexões que deverão ser feitas com esses recortes do conteúdo de matemática.*

Sendo o currículo vários recortes de um conhecimento específico, que no caso é o da Matemática, a experiência educacional mostra que nesses recortes a quantidade de informações, grande ou pequena, não garante a melhoria da qualidade. A quantidade influencia, mas não é relevante. O que define são as interações e as relações entre os conceitos. *A falta de interação* entre os vários conteúdos da área específica, e desses com outras áreas do conhecimento, faz qualquer recorte ficar sem significado e *perdido nas lembranças dos alunos.*

Tal consequência pode ser verificada em vários meios que tentam transmitir o conhecimento, como alguns livros didáticos que organizam o conteúdo de forma a não permitir reflexão do professor e do aluno. Cito-os por serem ainda o meio mais usado na prática da sala de aula. Esse problema da falta de interações e relações entre as várias áreas do conhecimento é produto *de uma prática escolar* que não permite novas experiências com o conteúdo. Justificada por uma *pseudoeficiência,* produz um tipo de pensamento, de concepção e de visão curricular que defende a estrutura de conceitos em uma ordem linear e rígida classificação. O pré-requisito é o que melhor representa o problema desse tipo de pensamento com regras rígidas. Nele, o aprendizado se dá em uma ordem, como se fosse um passo após o outro em uma única direção e um único sentido. A metáfora que utilizo *dos numerosos vagões atrelados* é para destacar a importância do problema de encadeamento do conteúdo totalmente hierarquizado.

Semelhante reflexão também é abordada pelos Parâmetros Curriculares Nacionais,[3] só que esse aspecto *de como conectar os conteúdos* tem de ser mais aprofundado. Não basta pedir apenas que o professor, em seu planejamento, faça conexões e articulações entre os conteúdos. É preciso analisar melhor que conhecimentos deverão ser escolhidos ou recortados para as conexões e, portanto, para a elaboração de um currículo. Essa análise é parametrizada por alguns princípios gerais. Atualmente, a escola pública é um sistema aberto que permite a inclusão de qualquer segmento social no processo de aprendizagem. Não tem mais como objetivo apenas os exames e as provas específicas, e sim a proposta do aprendizado de um conteúdo mínimo que *informe e forme* os alunos para vários tipos de situações. Portanto, tem também como objetivo uma formação geral que permita aos alunos usá-la como um instrumento na obtenção de outros conhecimentos além dos que foram ensinados e aprendidos na escola. Partindo desse ponto de vista, é fundamental desenvolvermos *uma análise crítica do que recortar e de como deverão ser feitas as conexões com esses recortes.* Se o universo do conhecimento na escola é tanto do conhecimento específico, que, no caso, está relacionado a *o quê devemos ensinar de Matemática,* como do pedagógico de *como ensiná-lo,* os recortes terão de ser feitos nesses dois campos com as respectivas conexões.

---

[3] Porém, isso pode ser rompido se o professor se predispuser a traçar em seu planejamento algumas conexões entre os conteúdos matemáticos. Para tanto, ao construir o planejamento é preciso estabelecer os objetivos que se deseja alcançar, selecionar os conteúdos a serem trabalhados, planejar as articulações entre os conteúdos, propor as situações – problemas que irão desencadeá-los. É importante que as conexões traçadas estejam em consonância com os eixos temáticos de outras áreas do currículo e também com os outros temas transversais. (PCN, 1998, p.138)

Relacionar as informações específicas da Matemática com informações de outras áreas é importante, e a proposta dos Parâmetros Curriculares Nacionais avança nesse sentido ao apresentar *os eixos temáticos ou temas transversais*. No entanto, por mais que nesses tipos de trabalho sejam estimuladas *outras ações,* além de relacionar informações, como a de observar e pesquisar, é importante analisarmos em mais detalhes a forma de organizar objetivamente *essas importantes ações na formação de um aluno*. Temos de entender como elas poderão ser exploradas na elaboração de um currículo de Matemática para que se atinja o objetivo de que as informações, os conceitos e os procedimentos, tanto matemáticos como os de aprendizagem, possam ser relacionados e aplicados em vários tipos de conteúdos desenvolvidos pela escola e também fora dela.

2. Conexões entre as informações, os conceitos e os procedimentos

Nas relações e conexões entre informações e conceitos matemáticos, o essencial de uma *informação* é servir de lastro *no processo de ensino e aprendizagem dos conceitos mais fundamentais*. Para ilustrar melhor essa reflexão, vou utilizar a informação sobre o *gugol,* que é definido como *10 elevado a cem*. É uma informação específica de um número inventado por matemáticos para representar enormes quantidades. Assim, ao ser apresentado em uma aula, um aluno pode nunca ter visto tal informação, mas poderá compreendê-la com facilidade se dominar bem os conceitos de número e potenciação. Será mais um exemplo da aplicação desses dois conceitos. Em situação inversa, de um aluno não dominar bem esses dois importantes conceitos, ela pode ajudá-lo na elaboração deles exemplificando e ilustrando o processo de construção de cada um. As informações devem ser utilizadas para servir de exemplos que sustentem ou questionem os conceitos que estão sendo construídos em sala de aula. Pela excessiva quantidade de informações produzidas pelo desenvolvimento científico e tecnológico, é estratégico que o *foco principal seja os conceitos e os procedimentos mais essenciais* que ajudem os alunos tanto a construir novos conceitos como também a obter novas informações no período escolar e fora dele.

Definir quais são os conceitos e os procedimentos mais fundamentais não significa isolá-los e não estabelecer nenhum tipo de conexão. Pelo contrário, o exercício de escolhê-los pode ajudar a entender melhor as várias relações que há entre eles, em um determinado conhecimento específico.[4] No caso da Matemática, permite melhor análise sobre os conceitos dependentes e independentes um do outro. O interessante é que a qualidade de interdependência está em função dos *processos* adotados. Por exemplo, a potenciação explicita sua dependência em relação à multiplicação. Ela é *uma síntese* desta, no caso de termos os fatores iguais. No entanto, conforme o processo adotado na aprendizagem, não precisamos partir da multiplicação para ensinar potenciação. Essa última pode ser introduzida partindo-se de uma informação. Isso demonstra que o pré-requisito é uma invenção metodológica e não algo que tenha relação com o *desenvolvimento dos conceitos.* É pelo processo de aprendizagem que definimos se há necessidade de o aluno aprender primeiro o conceito de área para depois aprender o conceito de volume. Tudo dependerá do objetivo do professor.

A palavra processo significa curso, marcha ou técnica, e podemos afirmar que os procedimentos de aprendizagem são os caminhos utilizados para chegarmos a conceitos, noções e definições. São numerosos e pertencem às mais variadas áreas do conhecimento, e precisam ser descobertos para melhorar a qualidade da aula e do currículo. Para isso, não podemos estar presos a metodologias como a do pré-requisito, que não permite *derivações e conexões* para novos caminhos ou atalhos que dão acesso a outros tipos de conhecimento contidos na própria área e em áreas diferentes. As habilidades das mais variadas áreas precisam ser analisadas como possíveis recursos para o desenvolvimento dos conceitos matemáticos. Por exemplo, a improvisação e a intuição são habilidades que sempre estiveram relacionadas, pela cultura escolar, com os processos de criação pertencentes a áreas distintas da Matemática.

---

[4] Um professor, ao assimilar a metodologia do ensino da sua disciplina, deve organizar, em primeiro lugar, o seu trabalho com os conceitos e leis fundamentais de apoio e saber destacar o primordial no ensino. Uma separação precisa dos conceitos fundamentais contribui para elevar o nível teórico do ensino. (GUÉTAMANOVA, 1989, p.44)

Por que essa restrição? A história da Matemática mostra que muitas *experiências matemáticas* contêm processos de *apreciação estética,*[5] reforçando, dessa forma, a ideia de que é um erro restringir o desenvolvimento das habilidades em *áreas específicas ou em disciplinas.* Uma restrição que só dificulta a relação com conhecimento que precisa ser ensinado e aprendido.

Abordar um conteúdo exigindo habilidades de várias áreas do conhecimento para enriquecer a experiência e melhorar o significado é ainda um desafio no processo de aprendizagem que precisa ser experimentado. Pode surgir de problemas e propostas bem simples. Como construir uma caixa para um presente? Como embrulhá-la? Nesses problemas, podemos explorar *diferentes conceitos e procedimentos* exigindo numerosas habilidades tanto da área da Matemática como de outras bem distintas. É uma experiência que desafia várias habilidades cognitivas e motoras. A confecção de uma caixa produz muitos desafios geométricos. Podem ser elaborados diversos tipos de caixas e várias estratégias tanto de construção como de cálculo. Este último obviamente tem suas restrições por estar em função de informações e conceitos específicos. O importante é percebemos que a falta de domínio que um aluno tenha em relação a um determinado conceito não engessa outro ou paralisa as habilidades e os procedimentos estimulados nesse tipo de atividade. A construção de uma caixa pode se transformar em um tipo de problema que alguns autores definem como *problema aberto.*[6]

Precisamos tomar cuidado com essas definições. O *problema aberto* é um tipo de problema que não deveria estimular a reprodução de uma solução já experimentada. Ele se define por vários graus de liberdade que possibilitam muitas abordagens e soluções. Assim, é um tipo de

---

[5] Porém, o pensamento matemático não é de modo algum desprovido de outras qualidades que são componentes importantes em nossa capacidade geral de compreensão inteligente, tais como intuição, bom senso e apreciação da beleza. (KHALFA,1996, p.112)

[6] O trabalho sobre problemas abertos, desenvolvido na didática da matemática (Arsac, Germain e Mante, 1988), insiste em problemas com enunciados curtos, que não induzem nem o método, nem a solução. (PERRENOUD, 1999, p.57)

problema que, *por não estimular a reprodução de uma solução*, deveria estimular a inventividade ou a criatividade.

Há problemas com estruturas que permitem poucos procedimentos para sua resolução. São o que podemos definir, em contrapartida, como *problemas fechados*. A insistência e a repetição desses problemas desenvolvem muito mais a habilidade de memorização do que a de observação e análise. Agora, é importante entender que não é o número de habilidades ou a quantidade de soluções que definem se *um problema é aberto ou não*. Se o problema não desafia novos caminhos ou novas soluções, *em relação ao que já é conhecido*, não será um problema aberto.

Os problemas abertos em Matemática, como em qualquer outra disciplina, exigem sempre um tipo de conhecimento que *aparentemente* não é específico da disciplina. Muitas vezes, julgamos erradamente que os problemas abertos *não exigem conteúdo*. Esse tipo de interpretação está relacionado a uma concepção e a um julgamento sobre os conteúdos que *pertencem à Matemática ou não* e com quais deles devemos interagir. Para um professor que defina o conteúdo de Matemática apenas como *um conjunto de informações e conceitos específicos da disciplina* o problema sobre a confecção de uma caixa feita com papel-cartão e tesoura poderá ser visto como um problema que não exige conteúdo matemático. Não estará sendo analisado, por esse professor, que as possíveis *lógicas* de construção da caixa são um tipo de conteúdo.

Outro aspecto importante, nessa análise, é considerarmos *o conhecimento prévio* dos alunos ao propormos um problema. Este ajudará a definir a qualidade do problema proposto. O fato de o problema não ter um método ou não induzir a uma solução não significa que o aluno não conheça um caminho para a resolução. Isso deve ser *observado e percebido* pelo professor. No caso do problema de construir uma caixa, dependendo da série em que é trabalhada, muitos alunos podem já conhecer alguns modelos e seus respectivos processos de construção. Se não houver *um novo desafio*, o conhecimento prévio de *como construir caixas* servirá apenas para reproduzir e não como um conhecimento aplicado para descobrir novos caminhos, novas soluções, portanto, novos tipos de caixas.

A essência de um problema é a qualidade da interação, do conflito e do desafio que ele provoca no aluno. Em relação ao uso de um problema ser *mais aberto ou fechado,* a escolha por um dos dois tipos de problemas não deve ser julgada como boa ou ruim. Temos simplesmente de entendê-las como *estruturas diferentes* que devem ser exploradas de forma equilibrada. Isso porque uma depende da outra. É fundamental não esquecermos a importância *do conhecimento específico* na resolução de problemas mais abertos. Na construção da caixa, a iniciativa de se tentar criar um novo modelo está diretamente relacionada ao que já se conhece sobre outros modelos de caixas e, ainda mais, aos caminhos para sua construção.

O exercício simultâneo dos *problemas fechados e abertos* ajuda a formar o aluno. Os problemas fechados devem ter como objetivo a sistematização das regras mais importantes ou fundamentais do conhecimento matemático, enquanto os problemas abertos devem preparar os alunos para situações novas e diferentes. Estes têm como objetivo, além do conhecimento desafiado pelo problema, estimular várias atitudes, como a iniciativa, exigidas em *problemas do* cotidiano. Os dois tipos de problemas devem se complementar. Isso porque nem todos os problemas que surgem permitem reflexões para criarmos ou inventarmos. Se fôssemos criar tudo diante de um problema não teríamos sobrevivido. *Os caminhos já conhecidos* são tão importantes quanto os novos. Com isso, não estou valorizando nenhum tipo de modelo de eficiência mas, sim, *as experiências que já foram acumuladas.* Essa necessidade pode ser percebida em vários problemas do nosso dia a dia que exigem a aplicação da *conhecida* regra de três. Qual é o gasto de combustível para um determinado veículo? Qual o preço de um terreno em determinada área da cidade? Saber aplicar a problemas os processos já conhecidos por meio de regras, de forma correta, é tão importante como *saber imaginar e verificar* processos diferentes em outros problemas que possam surgir.

Assim, os problemas abertos e fechados, estimulados simultaneamente, podem desenvolver nos alunos várias *capacidades* – desde a simples aplicação de um procedimento já conhecido até a criação de um novo. Com esse enfoque, o desenvolvimento das capacidades poderá ser entendido como os *processos que são aprendidos ou criados* para resolução de um problema. Por exemplo, em uma aula de geometria podemos utilizar um *processo já conhecido, desenvolvido por*

Euclides,[7] na decomposição de qualquer figura em vários triângulos. Um procedimento empregado até hoje no estudo da geometria plana. Mas, por que também não imaginar *esse mesmo procedimento*, de dissecar formas, para os objetos com os quais estamos acostumados a interagir em nosso cotidiano? Por que considerar apenas duas dimensões e não três? Dissecar objetos usando estilete e massa de modelar é um processo encontrado nas artes, sobretudo na escultura. Ele pode ser inserido durante a *aprendizagem* do conteúdo de geometria estimulando *novos processos diante dos problemas geométricos*. Além disso, a geometria plana, espacial e projetiva pode ser abordada simultaneamente. Aqui, verifica-se a importância da criação de possíveis processos de aprendizagem na Matemática como consequência das conexões entre seu conhecimento mais específico e os *processos ou procedimentos* desenvolvidos em outras áreas.

Em um romance chamado *Flatland – O País Plano,*[8] os seus personagens vivem em duas dimensões como se fossem sombras ou estivessem prensados em um tabuleiro. Eles não conhecem uma terceira dimensão. Esse lugar fictício lembra bastante o mundo educacional, quando esse restringe os processos de aprendizagem para aprendermos determinado conceito. Restringir o aprendizado em *poucos processos* exclui os graus de liberdade do nosso pensamento.

Na própria história do desenvolvimento do conhecimento, os caminhos para percorrer os conceitos nunca foram em uma única direção e um único sentido. A descoberta, a experiência e o erro construíram percursos em várias direções com avanços e recuos. Por que isso não fica explícito na prática da sala de aula? Por *que os processos de memorização* são mais valorizados do que *os processos de investigação?* Além disso, podemos encontrar vários procedimentos comuns contidos em áreas diferentes. Um fato interessante, que ajuda a ilustrar, são as fotos enviadas pelas sondas espaciais. São verdadeiros *quebra-cabeças*.

---

[7] Euclides, como vimos, valia-se de um truque para descobrir conexões existentes entre os vários órgãos (linhas, ângulos e superfícies) das figuras mortas: dissecava-as em triângulos. (HOGBEN, 1952, p.133)

[8] ABBOT, Edward. *Flatland – O país plano*. Lisboa: Gradiva, 1993.

As leituras e interpretações são análogas ao que os críticos de arte também fazem diante dos processos de criação.[9]

Um aluno pode aprender *um procedimento clássico* sobre a dedução das fórmulas para calcular a área das figuras e o volume dos objetos. E isso não exclui a possibilidade de pesquisar, no campo da história e das artes, como esses conceitos são aplicados. Que tal *investigar* como um pintor define o ponto, a reta, o plano, a área e o volume? Que tal *pesquisar* como o conceito de área aparece em guerras e conflitos ao longo da história? O desenvolvimento de todos esses processos, por meio de vários tipos de problemas, conduzem ao *saber pesquisar,* ao *saber investigar,* ao *saber calcular* e a muitos outros saberes que possibilitam as mais variadas conexões com a Matemática. Estes poderão ser definidos como *capacidades* e desenvolvê-las deverá ser um dos desafios durante o percurso escolar.

3. Desafio para um currículo: o desenvolvimento de capacidades

Desenvolver os vários tipos de capacidades não é simples. Entendida como *saber fazer,* a capacidade, obrigatoriamente, nos conduz à discussão sobre como ensinar *a saber fazer.* Além disso, deve ser entendida sempre como um conjunto de ações, mesmo que estejam sendo conjugadas no singular e dirigidas a um único objetivo. Por exemplo, um aluno *sabe construir* um triângulo isósceles. Nessa capacidade, estão contidas outras como saber identificar figuras geométricas e saber medir.

Assim, conforme o objetivo na elaboração de um currículo, deverão existir várias capacidades a serem desenvolvidas. Do que já foi discutido, sobre a forma de organizar o conhecimento sem pré-requisito ou qualquer outro tipo de regra que condicione um único caminho

---

[9] Assim como os desenhos e padrões visuais, há os exemplos auditivos. O ritmo é um padrão de som. Ele pode ser simples, como o pulsar do coração, ou complexo, como alguma música de tambor hindu. O ritmo é ouvido na poesia da mesma forma que na música. (HUNTLEY, 1985, p.117)

de aprendizagem, as capacidades devem ser entendidas como partes do conhecimento aplicadas e expressas pelos alunos diante de qualquer tipo de problema. Por isso, é necessário que seja feita uma análise em relação à *qualidade dessas capacidades em função dos recortes e das conexões* que podem ser feitos em um currículo.

As conexões propostas pelos PCNs podem ser interpretadas apenas em seu caráter informativo. Por mais que os exemplos desse documento possibilitem experiências com vários tipos de ações, como leitura, interpretação e construção de plantas e mapas, elas precisam ser mais bem analisadas para que essas ações não se dissolvam durante o processo de aprendizagem. É fundamental *colocar em foco o que se quer desenvolver*. Que conexões são mais importantes? Em que ajudam? Que conteúdos devem ser recortados para essas conexões? Qual a importância deles para a elaboração de um currículo de Matemática que tenha como objetivo informar e formar?

Discutir quais as capacidades que um curso de Matemática tem de desenvolver em seus alunos pode ajudar a definir quais os recortes e conexões que devem ser feitos com o conteúdo. No entanto, em virtude da complexidade e da ramificação que se pode ter em relação aos tipos de capacidades, é estratégico que essa análise seja feita de forma *qualitativa*. Para isso, vou recorrer à analise que *John Passmore* faz em seu livro *The Philosophy of Theaching*[10] [A filosofia do ensino] sobre o desenvolvimento das capacidades. Na análise desse autor são consideradas duas classes: as capacidades fechadas e as capacidades abertas, sendo que as primeiras se diferenciam das segundas por permitirem o *domínio completo*[11] de um procedimento. Essa ideia de domínio completo se relaciona diretamente aos *processos que já são conhecidos e os quais podem ser aprendidos* por qualquer pessoa. São procedimentos cujas etapas já foram avaliadas e dificilmente possibilitam algum grau de liberdade para variações. Um bom exemplo disso é a capacidade que desenvolvemos para contar.

Já as capacidades abertas estão relacionadas a ações dos alunos como *inventar ou ter iniciativa* na elaboração de soluções ou problemas di-

---

[10] PASSMORE, John. *The Philosophy of Theaching*. London; Dukworth, 1980.

[11] Expressão utilizada pelo autor. No original temos: *total mastery*

ante das situações propostas pelo professor. É a capacidade de elaborar procedimentos ainda desconhecidos ou que ainda não foram mostrados pelo professor com base em um conhecimento que está sendo aprendido. Por exemplo, utilizando ainda a ideia da confecção de uma caixa, o professor *mostra um procedimento* para a sua confecção e os alunos inventam outros procedimentos *tanto para construção da mesma caixa como para novos modelos.*[12]

As capacidades fechadas são as mais conhecidas no currículo de Matemática. Saber contar, saber medir, saber calcular a área e o volume são alguns exemplos de uma enorme variedade de *capacidades fechadas* que os professores tentam desenvolver em seus alunos. Na medida do possível, quando bem ensinadas, servirão para outras situações além do ambiente escolar. No entanto, não podemos nos contentar só com esse tipo de capacidade. A exigência de estimular nos alunos maior autonomia é um dos desafios da escola, e o objetivo de desenvolvê-la pode ajudar a desencadear processos importantes para o aprendizado e a utilização do conhecimento matemático, como a de inventar e de argumentar, diretamente relacionadas ao desenvolvimento das capacidades abertas. Assim, tanto o desenvolvimento da *capacidade de argumentar* como a de medir ou contar devem estar presentes no currículo de Matemática.

As capacidades fechadas podem ser ensinadas enquanto as abertas são estimuladas, e devem ser entendidas como um tipo de conhecimento que propicia mecanismos e autonomia para os alunos resolverem os mais diferentes problemas. Em nosso caso, esse conhecimento é a Matemática, e a importância do desenvolvimento desse tipo de capacidade está relacionada também ao aprendizado de conteúdos matemáticos que possam ajudar na formação mais geral dos alunos. As capacidades abertas estão diretamente relacionadas com as ações que permitem ao aluno utilizar o conhecimento já aprendido e aplicá-lo em situações–problema que ainda não foram experimentadas por ele.

---

[12] O autor afirma que seriam os *passos dados pelos alunos* que surpreende, pelo salto de qualidade, quem os está orientando.

Elas são sempre um conjunto de ações construídas por meio de conhecimentos já assimilados. Não importa a área do conhecimento da qual são extraídas e sim *a forma em que são inseridas* nos processos de resolução dos problemas. É nessa *forma* que se diferencia uma capacidade aberta de uma fechada. Nela, está um salto de qualidade que podemos apenas estimular. Aqui, temos um ponto que devemos discutir mais detalhadamente. Quais conhecimentos aprendidos, previamente, podem estimular as capacidades abertas? O termo *previamente* é importante nessa pergunta porque garante o significado de que capacidade aberta é *sempre posterior* ao aprendizado de um determinado conteúdo. A avaliação desse tipo de capacidade é sempre *qualitativa*. *Inventividade matemática, raciocínio histórico, imaginação científica, sensibilidade literária*[13] são algumas das expressões que usamos para identificá-la.

A importância das capacidades abertas é descrita por muitos fatos em nosso dia a dia. A carência em relação à Matemática é muito evidente e sempre se aponta nas escolas a necessidade de investir em conteúdos que *possibilitem ações* para o desenvolvimento desse tipo de capacidade. Essas ações muitas vezes não são facilmente estimuladas pelo conteúdo de Matemática e precisam *ser extraídas de outras áreas*. A resolução de problemas é uma boa estratégia para que essas *ações* relacionadas à iniciativa, à autonomia e à criatividade sejam inseridas no currículo de Matemática. Os desafios gerados por um problema podem desenvolver as capacidades fechadas de determinado conteúdo simultaneamente com ações que estimulem também o desenvolvimento de capacidades abertas. Ainda recorrendo ao exemplo da construção da caixa, o desafio pode ser tanto em relação à criatividade relacionada com a lógica e a estética da caixa, como também em relação a questões econômicas do gasto de material que exigem um domínio específico do conceito de área e volume. Na retomada desse exemplo, voltamos aos problemas definidos como abertos e fechados que poderão servir como estratégia para o desenvolvimento desses dois tipos de capacidades citadas até aqui.

---

[13] Passmore, além de utilizar essas expressões, afirma que elas sugerem a aquisição de algo mais do que uma capacidade fechada, a capacidade de agir de forma inventiva.

A elaboração de um currículo de Matemática tem de ter a preocupação de desenvolver esses dois tipos de capacidades e não apenas um. Por mais que saibamos que as capacidades abertas estão associadas a *situações especiais*, em que o conhecimento aplicado está deslocado de uma prévia orientação por parte do professor e que o aluno tem de descobrir novos caminhos de resoluções por reflexão própria, não podemos cair na armadilha do espontaneísmo e acreditar que *essas ações que impulsionam esse tipo de capacidade não precisam ser estimuladas.*

Em contrapartida, as ações que qualificam a capacidade aberta não têm nenhum significado se não partirem de conteúdos específicos. Não são poucas as escolas que costumam afirmar que formam *alunos críticos e criativos* sem a mínima preocupação se esses mesmos alunos têm algum domínio do conteúdo. Dessa distorção, são produzidos conceitos sobre a aprendizagem tão danosos quanto outros que *condicionam* os alunos só ao desenvolvimento de capacidades fechadas. Para estes, ainda teríamos de questionar se as capacidades fechadas estão realmente sendo desenvolvidas, uma vez que a utilização de certos métodos, como o pré-requisito, pode destruir qualquer tipo de reflexão em relação ao *saber fazer* ou, em outras palavras, à capacidade que está sendo exigida. Os dois tipos de capacidades são interdependentes e não podemos ter nenhum julgamento *a priori* de que a capacidade aberta é melhor do que a fechada, ou vice-versa. Temos, sim, de nos preocupar com a qualidade de experiências que possam desenvolvê-las e estimulá-las de forma simultânea.

Assim, o *que recortar do conteúdo de matemática e como conectar esses recortes* se transformam em aspectos relevantes para elaborarmos um currículo com o objetivo de desenvolver as capacidades fechadas e estimular as abertas que contribuem para a formação geral e para um melhor significado da utilização dos conceitos matemáticos. Definido isso e entendido bem como essas duas capacidades se fundamentam, podemos dirigir o trabalho para a investigação de quais áreas do conhecimento devemos recortar e quais as conexões que deverão ser feitas para que possibilitem a interação desses dois tipos de capacidades de forma equilibrada.

Ao fazermos as conexões dos recortes do conteúdo de Matemática com o de outras áreas, para a aquisição de determinado conceito de

Matemática, além de aumentarmos a possibilidade de desenvolvermos várias capacidades fechadas facilitamos *uma dinâmica de aprendizagem* que ajuda o desenvolvimento das capacidades abertas. Aprender os conceitos geométricos sobre perímetro, área e volume confeccionando ou esculpindo objetos possibilita que ações como a de imaginar e inventar possam ser também usadas durante o aprendizado desses conceitos. Os processos de dedução, memorização e aplicação das regras ou fórmulas matemáticas melhoram de qualidade quando desenvolvidos em paralelo com outros processos relacionados a projetar, a desenhar e a confeccionar. Por que o currículo de Matemática não pesquisa esses procedimentos como recurso para a melhor aprendizagem? Investigar *novos processos* não significa excluir os que já existem. Assim, dependendo da dinâmica entre os recortes e as conexões, do conteúdo de Matemática com o de outras áreas, teremos um jogo simultâneo entre o desenvolvimento das capacidades fechadas e o das capacidades abertas. Um jogo *entre vários tipos de procedimentos* que podem organizar melhor, na elaboração de um currículo, as relações entre o conhecimento específico da Matemática e o conhecimento relacionado aos aspectos mais gerais na formação de um aluno.

Claro que tudo isso dependerá do encaminhamento dado pelo professor. A princípio, os recortes e as conexões feitas poderão desenvolver as capacidades fechadas não de forma isolada, mas com relações que aumentem a chance de os alunos adquirirem, futuramente, as capacidades abertas. Na confecção de um currículo, analisar o *saber fazer* partindo dos conceitos de capacidades abertas e fechadas possibilita uma análise mais objetiva do que a utilização do *conceito de competência*[14] adotado pelas escolas nesses últimos anos. Competência é um termo bastante generalizante que cria, muitas vezes, problemas de interpretação. O que é desenvolver *as competências matemáticas* nos alunos? Um aluno aprende *a técnica ou o procedimento* da divisão mas

---

[14] "...uma competência com uma certa complexidade envolve diversos esquemas de percepção, pensamento, avaliação e ação, que suportam inferências, antecipações, transposições analógicas, generalizações, apreciação de probabilidades, estabelecimento de um diagnóstico a partir de um conjunto de índices, busca das informações pertinentes, formação de uma decisão, etc. (PERRENOUD, 1999, p.24)

não sabe ainda utilizá-la em várias situações. Para esse caso, as competências matemáticas estão sendo desenvolvidas ou não? Como isso é avaliado? A qualidade de uma aula depende de muitos aspectos, até mesmo do conhecimento prévio dos alunos e do processo de organização da escola. Aliás, aspectos que se alteram de uma escola para outra. Podemos passar muitos anos *tentando desenvolver* um conjunto de habilidades *sem aparente sucesso.*

Acredito que as definições sobre os dois tipos de capacidades, dadas por *John Passmore*, ajudam a organizar melhor os caminhos para a elaboração de um currículo. Precisamos apenas tomar cuidado na escolha dos recortes e também em como devem ser feitas as conexões, *nas práticas de sala de aula,* para que a capacidade fechada e aberta, e a relação de uma com a outra possam ser desenvolvidas de forma simultânea e com boa qualidade. Para reforçar essa ideia podemos imaginar a situação de se tentar mostrar aos alunos o desenvolvimento de fórmulas matemáticas para os cálculos das áreas de algumas figuras planas e para os volumes de alguns sólidos. As dificuldades de cada turma e o objetivo do curso podem conduzir a outros procedimentos, como o de não deduzir a fórmula, só aplicá-la. O desenvolvimento dessa capacidade fechada, de apenas saber aplicar a fórmula, não exclui a possibilidade de outras ações que possam estimular outras capacidades, até mesmo as mais abertas. Não deduzir as fórmulas não significa que não haja problemas e desafios. O professor pode apresentar as fórmulas em um texto, com vários problemas, que obrigue a leitura e a interpretação. Um procedimento fundamental em muitas atividades do nosso cotidiano em que precisamos interagir com as expressões e as fórmulas matemáticas contidas em muitos manuais, jornais e revistas.

Além disso, usando apenas fórmulas podemos também mostrar outros processos e desenvolver outras capacidades, como a de saber *testar, saber simular e saber estimar.* Capacidades que podem ser usadas em outras interpretações de fórmulas que necessariamente não estão relacionadas à área e ao volume dos objetos. O fundamental nessa reflexão é que a impossibilidade de se desenvolver uma capacidade, no caso a de deduzir, não deve imobilizar outras. Mas para isso é necessário que o professor exercite uma visualização do currículo, do conteúdo, sempre como um jogo entre os aspectos mais gerais e os mais específicos, entre a parte e o todo e, portanto, entre as capacidades fechadas e abertas. O desafio é não separá-las.

E aqui temos de pensar em um recurso para o professor. É difícil desenvolver simultaneamente esses dois tipos de capacidades se ele não tiver um instrumento que o auxilie a interagir com o conteúdo em função desses dois aspectos. Um instrumento que, além de ser um recurso para ensinar conceitos e procedimentos matemáticos, sirva também de objeto de estudo para ele refletir sobre os recortes que podem ser feitos em outras áreas do conhecimento, conectando assim com outros conceitos e procedimentos que auxiliem a aprendizagem do conteúdo matemático. Um recurso que ajude estabelecer um diálogo para a escolha de um conteúdo mais fundamental para o ensino de Matemática, que possibilite um grau de liberdade maior nas abordagens tanto das capacidades fechadas como das capacidades abertas. Então, qual recurso torna isso mais possível? Existem vários e não podemos ficar definindo que um seja melhor do que outro. Computadores, vídeos, jogos, lousa e giz, todos são recursos. A questão é que precisamos investigá-los em mais profundidade para entender o que cada um deles pode oferecer ao ensino de Matemática. Esse trabalho tem como enfoque e investigação o jogo como um dos recursos possíveis de uso em sala de aula. Sua escolha tem como referência algumas reflexões que serão detalhadas no próximo capítulo com o objetivo de melhor definir esse recurso como um objeto de estudo que auxilie os recortes e as conexões no desenvolvimento de capacidades.

Capítulo 2

O jogo no currículo de Matemática

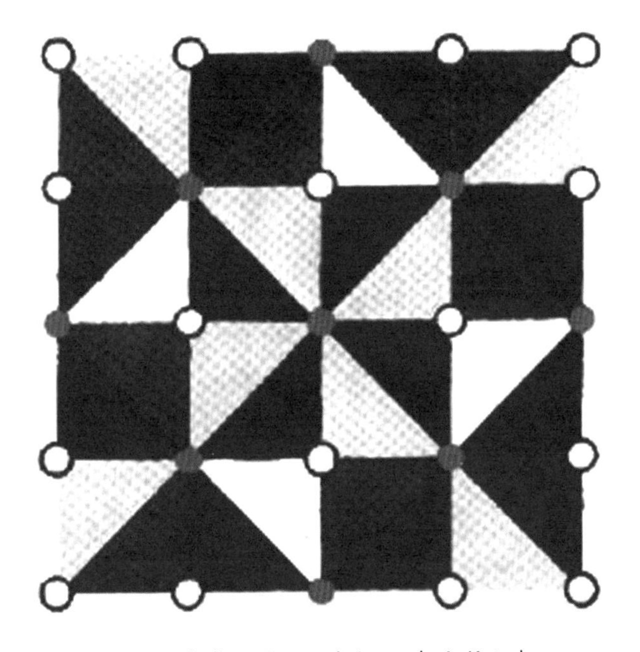

Ilustração do livro *Construir Jogos* de A. Kutschera

1. Recurso aos jogos?

O jogo no currículo de Matemática como recurso didático não é uma ideia nova. Está sempre presente na pesquisa da Educação Matemática e parte do texto dos Parâmetros Curriculares Nacionais é reservada a isso sob o título "O Recurso aos Jogos", texto que será analisado na primeira parte deste capítulo em virtude da maciça distribuição desse documento na escola pública. O que se entende por jogo precisa ser mais bem analisado e discutido em decorrência das várias funções que o jogo desempenha na sociedade e em nossa cultura. Tipos de jogos com seus respectivos traços ou aspectos precisam ser mais bem definidos sobretudo quando, por meio deles, se propõe uma ação educacional.

> Os jogos constituem uma forma interessante de propor problemas, pois permitem que estes sejam apresentados de modo atrativo e favorecem a criatividade na elaboração de estratégias de resolução e busca de soluções. (Parâmetros Curriculares Nacionais, 1998, p.46)

Logo nesse primeiro parágrafo do texto, "O Recurso aos Jogos", temos uma *definição descritiva*[1] de jogo que está incompleta. Ainda que se tentasse conservar o caráter generalizante de um documento oficial, não se explicitam com clareza o tipo do jogo e seus vários aspectos que deveriam ser aplicados no contexto de uma aula de Matemática. Que tipo de *problema* é esse que o jogo propõe? O que se entende por *modo atrativo*? Como se desenvolve a *criatividade* na elaboração de estratégias de resolução? Essas definições teriam de ser mais aclaradas para não causarem confusões nas interpretações.[2]

---

[1] As definições descritivas, por conseguinte, ao contrário das definições estipulativas, não são simples expedientes abreviatórios adotados por conveniência e elimináveis teoricamente. Elas não se propõem a economizar a elocução, mas fornecer elucidações explicativas da significação. (SCHEFFLER, 1974, p.25)

[2] Quando tais definições, entretanto, são extraídas do contexto de uma atividade profissional de pesquisa e são incorporadas em afirmações endereçadas ao público ou a professores ou profissionais de outras áreas, muitas vezes num meio institucional, deverão ser julgadas, nesse papel, da mesma maneira como são julgadas outras definições que se encontram em posição idêntica. (SCHEFFLER, 1974 p.21-2)

Todo jogo é um artefato cultural construído por um conjunto de regras, formando uma *estrutura*, que estimula várias ações em seus participantes. O estudo específico dessas ações conduz a diversas classificações. Por exemplo, o jogo de dados pertence ao conjunto dos *jogos relacionados à sorte* (Caillois, 1990). Para um professor de Matemática, ele pode ser definido como um recurso para ensinar probabilidade. No entanto, a estrutura interna desse jogo não garante problemas que incitem o pensamento lógico-matemático de quem joga. Dar face seis ou um associa-se diretamente ao acaso e pode-se ficar apenas nele se não for definido pelo professor um objetivo na relação que o aluno deverá ter com esse tipo de artefato.

A falta de objetividade do texto permite que qualquer jogo possa ser incluído em uma atividade que propõe problemas. Por exemplo, de acordo com a descrição, o jogo de futebol também pode ser considerado um recurso para ensinar Matemática. Se os observadores desse jogo forem professores de Matemática, poderão considerar *desafiadora* a tentativa de descobrirem um método para calcular o formato das trajetórias da bola, a média dos chutes a gol de cada time, a velocidade máxima da bola em uma cobrança de falta, enfim, recortes que dependem dos objetivos de quem recorre a uma partida de futebol para ensinar Matemática. Mas, se, por acaso, esses mesmos professores deixarem de ser observadores para serem os jogadores em campo, talvez as informações e os conceitos matemáticos se tornem irrelevantes diante *de outros problemas ou desafios*. Para quem joga, o *desafio* poderá ser ultrapassar um zagueiro, acertar um passe em uma medida correta ou chutar a gol. Nas duas situações, tanto a de observador como a de jogador, há *problemas, e* estes exigem *estratégias de resolução e busca de soluções*. A diferença está na *natureza ou na qualidade do problema*. O texto dos Parâmetros Curriculares Nacionais não elucida as diferentes configurações para se propor problemas em uma aula de Matemática, com base em jogos.

É obvio que a prática de cada disciplina oferece subsídios necessários para o professor escolher o jogo mais conveniente e adaptado ao conteúdo. Entretanto, há jogos que podem iludir os professores de que estão servindo para *desenvolver procedimentos* contidos no conhecimento matemático. Mesmo no caso do jogo de xadrez, não podemos afirmar que os alunos estejam desenvolvendo procedimentos de análise lógica só pelo fato de estarem diante de um tabuleiro movimentando as peças. Eles podem saber movimentar as peças mas, por falta de prática, talvez não consigam produzir nenhum tipo de *estrutura durante o jogo* que estimule o desenvolvimento de procedimentos lógicos. Podem cometer erros sucessivos, não de movimentos, mas na qualidade das jogadas. Elas podem ser aleatórias, não construindo nenhum tipo de problema lógico para ambos os jogadores.[3]

Assim, não basta apenas definir o tipo de jogo. É essencial definir os objetivos de sua adoção. E isso não é um procedimento simples. É necessário estudar o tipo de jogo para conhecermos as reais possibilidades de sua aplicação em uma aula de Matemática. Isso não sendo feito, corre-se o risco de que o jogo deixe de ser um recurso para o aprendizado da Matemática, para se transformar em apenas mais um objeto do acervo escolar para o preenchimento das aulas vagas.

Um outro problema do texto "O Recurso aos Jogos", dos PCN, está também na definição do que é um recurso. Se pesquisarmos o significado desse termo, na etimologia, encontraremos como o ato de voltar a correr ou como caminho de regresso.[4] Atualmente, é interpretado também como auxílio, ajuda ou meio para resolver um problema. Nessa definição, pode ser entendido não só como ação, mas como objeto. Na maioria das escolas, o vídeo também é definido como *recurso*, e a forma de sua utilização depende do objetivo de cada uma delas. Assim, em razão do termo *recurso* ter um uso prévio, teria de ser feita uma descrição mais detalhada, relativamente aos objetivos do programa no qual está inserido. Isso não sendo feito, fica confuso, uma vez que o objetivo, descrito no texto, de *propor problemas para estimular estratégias de resolução* é muito vago.

---

[3] Para saber que o menino que temos diante de nós está deveras trabalhando num problema de geometria, e não simplesmente brincando com uma folha de papel, devemos decidir que ele está realmente pensando; além disso, porém, devemos julgar que aquilo que está fazendo, seja lá o que for, envolve a expectativa de solucionar um problema. (SCHEFFLER, 1974, p.81)

[4] Do latim *recursu*, ato de voltar a correr, corrida para trás; possibilidades de voltar, volta; caminho de regresso. (MACHADO, 1977)

Exemplificando: os jogos lógicos de tabuleiro, como a dama e o xadrez, podem produzir problemas com *estruturas semelhantes* aos da Matemática. Muitas vezes, os procedimentos paras as resoluções nas duas situações são análogos, sendo que a expressão *sucessão de jogadas* poderá ser usada tanto em um caso como no outro. Mas, para que isso seja percebido, é necessário que o professor mostre a analogia. É fundamental que ele construa novas regras para interferir na partida como, por exemplo, um momento para os alunos registrarem no caderno o deslocamento das peças por meio de desenhos ou diagramas. Dessa forma, as estruturas ou qualidade dos problemas do jogo podem ser explicitadas, discutidas, verificadas e comparadas com os problemas de Matemática. Se isso não for feito, será apenas uma partida de xadrez entre os alunos, durante uma aula de Matemática que, inclusive, poderá ser definida como aula de xadrez e não de Matemática. O jogo de xadrez é um artefato como qualquer outro, e as possibilidades de sua utilização dependem sempre do objetivo do professor que o introduz na sala de aula. Esse, talvez, seja o ponto crucial para a definição de um certo tipo de recurso.

Muitas coisas podem ser empregadas como recurso desde que saibamos manuseá-las e discernir o nível de dificuldade do próprio objetivo que pretendemos atingir. Um bom exemplo é de um carro atolado na praia. Como recurso para desatolá-lo, podemos utilizar uma alavanca, um grupo de pessoas ou um outro carro para puxá-lo ou empurrá-lo. Todos esses recursos possuem características diferenciadas, mas podem ser usados separada ou simultaneamente, dependendo do grau de dificuldade do problema.

Os recursos são sempre escolhidos em função dos nossos objetivos. Quando os escolhemos, já temos consciência ou pelo menos a noção de nossa necessidade. Um martelo é uma ferramenta ou um recurso que pode ser usado tanto para pregar um prego, em alguma madeira ou parede, como também para amassar e quebrar objetos, em um determinado tipo de trabalho. Assim, um único recurso pode ser usado para vários objetivos ou, dependendo do problema, poderemos também ter a correspondência de vários recursos para um único objetivo.

Apesar de todas essas possibilidades, a escolha também depende da lógica e da história de cada recurso. Por exemplo, ainda diante de um problema de pregarmos um prego, sempre nos lembraremos do martelo como a ferramenta mais conveniente. Utilizaríamos uma pedra ou outro objeto para a execução dessa tarefa se não tivéssemos um martelo em mãos. Claro que isso não é uma regra rígida e dependerá sempre do objetivo e do problema que estamos tentando resolver. O mais importante é perceber que, durante a aprendizagem, a correspondência entre objetivo e recurso sempre se dá, respectivamente, no sentido do primeiro para o segundo. Às vezes, nosso objetivo muda um pouco em relação aos recursos que temos. Faz parte da tarefa de quem ensina. No entanto, o recurso nunca prevalece sobre o objetivo.

Escolhido o recurso, em função do objetivo que se tem em sala de aula, começam a surgir os caminhos para a execução do trabalho. O retroprojetor é um exemplo interessante para essa reflexão. Para manuseá-lo, temos de aprender algumas regras básicas. Não deslocá-lo com a lâmpada acesa é uma delas. A forma de projetar as transparências é outra regra que define esse tipo de instrumento. Mas é a prática da sala de aula que possibilita, por meio de experiências, as descobertas de vários procedimentos para a execução das tarefas com esse instrumento. O retroprojetor pode ser usado para ensinar geometria. É um recurso que serve para ampliar também as imagens de réguas e transferidores de plástico sobre uma tela. Por serem de plástico, eles se transformam em transparências, permitindo a experiência, com desenhos de outras transparências, que os alunos mostrem para toda a sala *como* um transferidor e uma régua devem ser usados em várias situações-problema. Para os alunos, é divertido participar da aula, medindo o comprimento e a largura das sombras dos objetos, como lápis, caneta ou borracha ampliados na tela. É um meio que ajuda o professor a discutir o conceito de razão, proporção e escala. Com pedaços de plásticos coloridos, recortados de algumas embalagens, também podemos explorar as formas das várias figuras geométricas. Novamente, temos por meio da experiência a descoberta de que a transparência pode ser confeccionada. Não precisa ser apenas um acetato com textos e desenhos para serem projetados. Dessa forma, as figuras coloridas formadas pela confecção e pela projeção permitem a utilização do transferidor com bastante qualidade, e o conceito de semelhança pode ser ensinado com muito mais exemplos. O retroprojetor, neste caso, deixa de ser apenas um instrumento para ampliação de textos, de desenhos ou de esquemas, e se transforma em uma ferramenta para ajudar a ensinar conceitos de geometria.

Assim, podemos definir os recursos como ferramentas que, aplicadas com a função de cumprir um certo objetivo, produzem uma variedade de caminhos de aprendizagem, mesmo quando temos um objetivo aparentemente único. O computador e o lápis são outros exemplos para essa discussão. Se um professor pretende ensinar conceitos da geometria projetiva, esses dois recursos podem ser bastante viáveis para cumprir *o objetivo desse professor*. Mas produzirão caminhos diferentes por serem recursos com características diferentes. Utilizar o *mouse* não é a mesma coisa que usar o lápis.

Desse modo, podemos definir os caminhos ou os processos de aprendizagem como o resultado da experiência entre *a estrutura dos recursos e a complexidade dos objetivos*. Resumindo, o caminho de aprendizagem é um produto, uma consequência da experiência em sala de aula, entre o objetivo do que se quer ensinar e o recurso escolhido para tanto. Dessa forma, os recursos não podem ser escolhidos sem definirmos *o que* podemos ensinar com eles. No caso do jogo, nas aulas de Matemática, cabe a simples pergunta: *o que de Matemática* podemos ensinar com esse recurso?

É necessário ter isso muito claro na prática de sala de aula. Muitas vezes, a justificativa e sua utilização fixam-se apenas na *"forma"* de abstratos caminhos de aprendizagem, fazendo que os fatores psicológicos sejam mais relevantes que o conteúdo de Matemática. Para mostrar esse problema, continuarei a análise do primeiro parágrafo do texto do PCN, "O Recurso aos Jogos".

> Propiciam a simulação de situações-problema que exigem situações vivas e imediatas, o que estimula o planejamento das ações; possibilitam a construção de uma atitude positiva perante os erros, uma vez que as situações sucedem-se rapidamente e podem ser corrigidas de forma natural, no decorrer da ação, sem deixar marcas negativas. (PCN, 1998, p.46)

Se à questão relativa à proposta de problemas e estratégias de resolução falta melhor descrição dos tipos de jogos e dos objetivos para os aspectos gerais na formação de um aluno, como *a construção de atitudes positivas perante os erros,* apresentaram-se definições bem mais vagas. Sobretudo, quando essa orientação é dirigida a uma aula de Matemática, na escola pública, que necessita atender grandes quantidades de alunos. O que se entende por *atitude positiva*? O que são *marcas negativas*?

Cada professor pode construir sua própria interpretação, em relação a esses aspectos, já que, no texto, não se esboça nenhum tipo de esclarecimento. *Atitude positiva* e *marcas negativas* são termos que já têm uso prévio na Psicologia e, mais uma vez, não se exemplifica como teriam de ser interpretados esses tipos de atitudes para o melhor aprendizado do conteúdo de Matemática. Isso não é feito, deixando para quem lê uma livre interpretação.

A *participação em grupo* é importante na formação de um aluno, e o jogo pode estimular tal aspecto durante uma aula; no entanto, não pode ser mais relevante do que aprendizagem de noções e de conceitos de Matemática. Eleger esse tipo de aspecto é fundamental, desde que haja a preocupação com a seguinte pergunta: que aspectos gerais do jogo podem ser estimulados em uma aula de Matemática? Quais deles são relevantes?

Tais perguntas podem parecer simples, mas precisam ser feitas para definir melhor os objetivos e, como consequência, os recursos que poderão ser empregados. O jogo pode ser um recurso que sirva para estimular aspectos gerais, como participação e concentração diante de um problema, mas o que não pode deixar de ser analisado são as relações desses aspectos com o conteúdo de Matemática. Aspectos gerais do jogo, como o *prazer e a ludicidade,* devem ser explorados só que, por meio deles, devem ser também acrescentados, ao universo cultural dos alunos, novas informações e procedimentos para melhorar o conhecimento matemático. Concluindo: o professor não pode esquecer que o jogo na aula de Matemática tem de ser um recurso para ensiná-la.

Em outras palavras, tem de haver obrigatoriamente uma preocupação com o jogo para que ele possibilite um certo tipo de deslocamento intelectual de um grupo de alunos em relação à qualidade do pensamento e do conhecimento matemático. Na verdade, esse deslocamento é a diferença entre o conhecimento prévio e o conhecimento que deve ser assimilado pelos alunos, no qual o jogo pode ser uma grande ferramenta ou um magnífico recurso. Assim, na aula de Matemática, o jogo como recurso não pode ficar apenas em função das formas ou dos processos de aprendizagem sem se definir, com clareza, o que realmente pode ser feito com ele tanto em *relação ao conteúdo de Matemática* quanto *em relação à formação geral do aluno*. No texto dos PCN, esses dois tipos de aspectos mostram-se bastante vagos e podem pertencer a *qualquer tipo de jogo*.

> As atividades de jogos permitem ao professor analisar e avaliar os seguintes aspectos:
>
> - compreensão: facilidade para entender o processo do jogo assim como o autocontrole e o respeito a si próprio;
> - facilidade: possibilidade de construir uma estratégia vencedora;
> - possibilidade de descrição: capacidade de comunicar o procedimento seguido e da maneira de atuar;
> - estratégia utilizada: capacidade de comparar com as previsões ou hipóteses. (PCN, 1998, p.47)

A capacidade de comparar com previsões ou hipóteses pode ser interpretada como *aspecto específico* do jogo para o aprendizado do conteúdo de Matemática. No entanto, que tipo de jogo melhor estimula essas ações? É possível verificar isso? Por que o autocontrole e o respeito a si próprio são citados como forma de compreensão? O jogo é um recurso para ensinar Matemática ou para desenvolver o autoconhecimento? Esses *aspectos gerais*, como autocontrole devem ser estimulados em uma aula de Matemática? Por quê?

Se recorrermos aos temas transversais, desenvolvidos pelos próprios PCNs, teremos vários aspectos gerais que, de certa forma, podem ser usados nas aulas de Matemática. São temas importantes e expressam problemas nos quais a população brasileira está envolvida. A ética, a orientação sexual, a saúde, a pluralidade cultural, o meio ambiente, o trabalho e o consumo *não são aspectos gerais suficientes*? Aliás, bastante complexos para um professor de Matemática tentar construir interfaces com o conteúdo de sua disciplina. Portanto, termos como *autocontrole* e *respeito a si próprio* não precisariam ser ressaltados no texto. As preocupações deveriam ser mais objetivas. Os jogos estatísticos são exemplos de jogos que podem ser utilizados para simular tanto os fenômenos naturais como os sociais. Os alunos podem entender melhor algumas relações que ocorrem na sociedade, tendo como recurso esse tipo de jogo, sem perder a referência do conteúdo de Matemática. Usar o jogo dessa forma já não estimularia aspectos gerais suficientes?

O jogo como um recurso para ensinar Matemática tem de ser uma ferramenta que permita estimular simultaneamente no aluno tanto os aspectos específicos, relacionados ao conhecimento matemático, quanto os aspectos gerais relacionados a outras áreas do conhecimento para a melhor formação do aluno. São dois aspectos que devem se complementar. Mas para isso é necessário que cada jogo utilizado seja estudado. Só dessa forma a escolha irá ao encontro das necessidades e dos objetivos dos professores. E isso não está descrito no texto. Não especificar o tipo de jogo, sua história, sua lógica e os objetivos específicos para sua adoção conduz a uma generalização que confunde qualquer interpretação. Mesmo que a intenção dos autores do texto não seja a de induzir o professor a um único tipo de jogo, tentando instigá-lo à reflexão para uma escolha posterior, é um grande equívoco não descrever as relações desses aspectos citados com o conteúdo de Matemática. Justificar a utilização de um jogo na aula de Matemática, do jeito que está descrito no texto, é tão perigoso quanto a excessiva mecanização e memorização. É necessário aprofundar a discussão, definindo melhor quais são os aspectos gerais e específicos que, em alguns tipos de jogos, podem ajudar os alunos no desenvolvimento dos conceitos matemáticos e na sua formação geral.

Partindo da premissa de que o conteúdo e as aulas de Matemática não podem se isolar dos problemas sociais, posto que relevantes para a vida dos alunos, os aspectos gerais referentes a esses problemas precisam ser discutidos. Para tal não há uma regra, e os aspectos gerais não devem se sobrepor aos aspectos específicos, da mesma forma que estes últimos não devem ficar isolados, sem aplicação e nenhum tipo de significado. A *argumentação e a participação* de um aluno tem de se desenvolver simultaneamente com *o prazer pelos problemas de lógica, isto é, pelo conteúdo de Matemática*. Um não pode ser mais relevante que o outro.

2. Aspectos específicos e gerais do jogo

Estimular os alunos a se concentrarem na utilização correta das regras de um determinado jogo poderá ser nosso primeiro passo na tentativa de ensinar Matemática. Às vezes, são passos intermediários necessários para a aprendizagem dos conceitos matemáticos. É um aspecto geral de que não se exclui a possibilidade de que sejam explorados aspectos específicos do jogo mais diretamente relacionados ao conteúdo de Matemática, como é o caso da dedução. Tudo depende do recurso e da experiência.

Há muitos procedimentos importantes para a aquisição do conhecimento matemático que podem ser desenvolvidos por meio de jogos. Alguns deles, como o desenvolvimento da capacidade de raciocínio e de projeção, são descritos em documentos que já explicitavam uma preocupação com a aprendizagem do conteúdo de Matemática em uma abordagem mais consistente e significativa.[5]

Os *jogos definidos como lógicos* (Guik, 1989), a princípio, podem ser boas ferramentas por terem aspectos específicos, relacionados à estrutura e à dinâmica do jogo, que estimulam processos semelhantes aos que são utilizados nas resoluções de problemas em Matemática. Isso poderá ser uma das justificativas para o seu emprego em uma aula de Matemática, no entanto só isso não basta. É arriscado um professor restringir sua disciplina a um conteúdo específico. Atualmente, há a necessidade de se cumprir outros objetivos relacionados a questões de *ordem social*, como o significado da aula, da escola e do próprio conteúdo que está sendo apresentado. Dessa forma, o jogo na aula de Matemática precisa ser investigado com o objetivo de se transformar em um recurso que veicule processos que auxiliem o desenvolvimento desses dois campos ou pelo menos de duas questões: o que devemos explorar no jogo para a aprendizagem do conteúdo de Matemática? E o que do jogo devemos utilizar para uma formação mais geral do aluno?

---

[5] "...aprender Matemática é mais do que aprender técnicas de utilização imediata; é também interpretar, construir ferramentas conceituais, criar significados, sensibilizar-se para perceber problemas tanto quanto preparar-se para equacioná-los ou resolvê-los, desenvolver raciocínio lógico, a capacidade de conceber, projetar, transcender o imediatamente sensível. (CENP, 1992, p.13)

Os jogos lógicos são bons geradores de problemas para uma aula de Matemática. Conforme *o conjunto de regras, pode-se construir estruturas* bem diversificadas tanto em relação à quantidade de problemas como também em relação à *qualidade deles.* Por exemplo, o jogo da velha tem *uma estrutura* que possibilita poucas combinações nos caminhos desenvolvidos pelos jogadores, e isso permite que eles assimilem rapidamente o melhor caminho, facilitando, dessa forma, o empate. Apesar de uma estrutura simples, não criando muitos desafios, não impede que seja usado como um recurso para ensinar ou iniciar o aluno no hábito de construir o que é definido como a *árvore do jogo.* Esta nada mais é do que a descrição de todas as possibilidades e etapas que podem ocorrer durante o desenvolvimento de uma partida.

Em geral, a árvore de um jogo pode ser representada por diagramas ou desenhos. Seria como fotografar todo encadeamento de jogadas com as respectivas possibilidades, que, na sala de aula, podem ser registradas com lápis e papel pelos alunos ou na lousa pelo professor. Trata-se de um procedimento importante para que sejam mostrados, organizados e avaliados os processos de raciocínio. Nesse estudo das possibilidades e etapas de cada jogada, com o respectivo registro, podem ser analisados os *melhores caminhos.* Por que não adotar um jogo simples, como o da velha, para mostrar isso? Na ilustração a seguir, um dos *ramos da árvore, acompanhada por uma linha contínua e com setas,* mostra algumas das possibilidades do desenvolvimento de uma parte desse jogo.

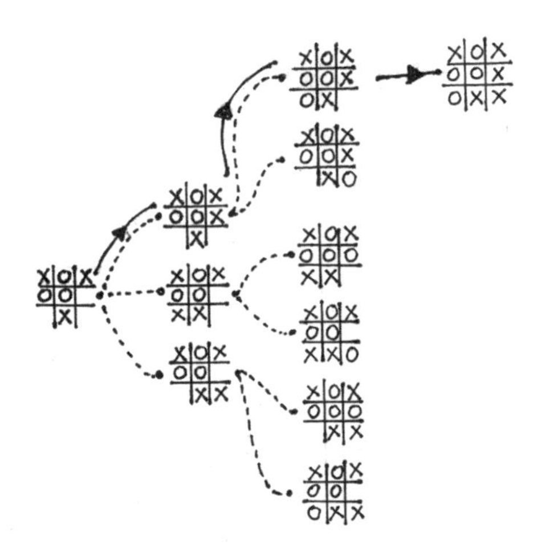

No jogo de xadrez e de damas muitas vezes é impossível construir toda a árvore do jogo. No entanto, podem ser *recortados do* tabuleiro vários problemas para serem discutidos por meio *da árvore*. Nessa experiência, é importante que o procedimento de registrar a árvore do jogo não iniba outro *hábito*, que é o dos alunos projetarem as jogadas *mentalmente sem nenhum tipo de registro*. São dois processos que se complementam no objetivo de desenvolver a capacidade de raciocínio dos alunos que passam por essa experiência. No entanto, o registro da árvore do jogo sempre é importante porque é um recurso que facilita a participação e a discussão com os alunos por meio de comparação dos resultados tanto para análise das possibilidades de resoluções dos problemas gerados pelo jogo como para a comparação com outros procedimentos usados em outros problemas mais específicos do conteúdo de Matemática.

A qualidade de um problema está em função da sua *estrutura interna* formada pelas relações entre as regras *que produzem o problema*. Ela estimula processos como observação, análise, imaginação e raciocínio. Não precisa, obrigatoriamente, estar vinculada a informações, regras e conceitos específicos da Matemática. Os processos lógicos desencadeados por esse tipo de estrutura por si só já são conteúdos bastante significativos para um currículo de Matemática. Alias, pertencem ao que é definido como análise Matemática.[6]

No mundo moderno, a análise Matemática adquire cada vez mais relevância. A tecnologia, desde a mais elementar, como o funcionamento de um disjuntor, até algo mais complexo, como o funcionamento de semáforos ou circuitos das ruas de uma cidade, exige cada vez mais esse tipo de conteúdo e seu exercício. Na educação, precisamos ter estratégias para que qualquer aluno tenha acesso a conteúdos importantes como esse de aprender a fazer análise Matemática, e ter acesso ao conteúdo na educação significa que esse deve ter uma linguagem acessível para todos os alunos.

---

6 E entendemos por "estrutura matemática" não obrigatoriamente algo expresso em números, ângulos ou linhas, mas a relação interna essencial entre os elementos componentes do problema. Porque, no fundo isso é tudo o que a análise matemática pode revelar, tudo o que a Matemática significa, em si mesma. (KASNER e NEWMAN, 1968, p.157)

Assim, para o professor com uma aula de 50 minutos, com quarenta alunos em média por sala, os jogos lógicos podem ser uma ferramenta que o auxilie na produção de problemas com esse tipo de *estrutura Matemática* em uma linguagem fácil de ser compreendida. E, além disso, esse aspecto específico desse tipo de jogo não se dissocia de outros mais gerais para a formação de um aluno, que estão relacionados ao hábito da *argumentação e de inferir ideias diante de um contexto*. O jogo auxilia o professor na produção desse contexto em sala de aula.

Nessa perspectiva, a construção da *árvore de possibilidades* não se restringe mais, e somente, à análise dos problemas gerados pelo jogo. Diante de objetivos educacionais que exigem várias tipos de ações, o professor poderá construir outras *árvores de possibilidades para uso desse recurso e* escolher as melhores *ramificações, ou melhores jogadas,* para sua disciplina, em nosso caso a Matemática.

As experiências que ainda serão citadas neste livro mostrarão a introdução de conceitos fundamentais, como perímetro, área, fração etc, pelo jogo de xadrez. O *foco deste trabalho* é adotar o jogo também como um *instrumento* que permita a experiência de inferir informações e definições Matemáticas de uma forma interativa na produção de problemas. O Capítulo 3 terá como objetivo tal discussão.

As relações entre aspectos gerais e específicos sem um corte, ou uma fronteira que delimite esses dois aspectos, serão um dos critérios que ajudarão a escolher o jogo que mais favorece esse tipo de relação. Isso dependerá das ações do professor na forma de usar e explorar o jogo lógico. Por exemplo, um dos procedimentos importantes é o de inventar problemas. Inventá-los é tão importante quanto resolvê-los. Nos dois casos, há interações entre os aspectos gerais e específicos do jogo escolhido. Nos jogos lógicos de tabuleiro, disputados por dois jogadores, cada aluno tenta resolver os problemas que atrapalham ou questionam seus objetivos sobre o tabuleiro. Por reciprocidade, esse tipo de ação gera problemas para o adversário, mesmo que a intenção seja apenas a de se defender. Aqui, temos um aspecto geral importante do jogo que é o de ajudar a desenvolver *a capacidade de inventar*.

Esses jogos poderão ser um recurso para fazer os alunos perceberem *o prazer de inventar problemas,* incentivando que a tentativa desse tipo de ação se transforme em hábito. Um hábito não muito comum nas escolas que, sendo estimulado pelos jogos lógicos, poderá continuar a ser cultivado por outros conteúdos mais específicos. Esse é um aspecto geral do jogo que serve como recurso para desenvolver as capacidades abertas discutidas no primeiro capítulo. Inventar problemas é uma capacidade aberta que depende das capacidades fechadas construídas com base nos conhecimentos específicos de qualquer conteúdo. Não devemos condicionar somente ao conteúdo do jogo a relação de inventar e resolver problemas; no entanto, é por meio deles que se torna viável a possibilidade de se iniciar com mais facilidade esse hábito na aula de Matemática.

As variações na árvore de um jogo lógico durante uma partida poderão ser um dos critérios para sua escolha como recurso que possibilite tanto ao professor quanto ao aluno criarem e inventarem vários problemas, desde os mais fechados até os mais abertos.[7] Isso intensifica a reflexão sobre a qualidade do recurso para as melhores abordagens tanto em relação ao desenvolvimento da capacidade de raciocínio como também das possíveis *conexões durante a aula de Matemática* com procedimentos e ações contidas em outras áreas.

Os jogos lógicos, especificamente os de tabuleiro, como o xadrez, damas e o go,[8] estimulam *essas conexões*. Por exemplo, vamos partir da

---

[7] No jogo das damas aproximamo-nos do limite da nossa capacidade de raciocínio. Numerosos jogadores conseguiram já elaborar estratégias de trabalho, o que nos permite esperar que esteja ao alcance da nossa razão a única estratégia ótima que a teoria afirma existir para cada jogo.

Outro jogo, que ainda se aproxima mais dos limites do nosso raciocínio, é o xadrez, que tende a ser mais popular entre os intelectuais do que as damas. (GUILLEN, 1998, p.150)

[8] O *go* é um dos jogos lógicos mais antigos. Jogado sobre um tabuleiro com dezenove linhas horizontais e dezenove verticais formam 361 cruzamentos ou pontos onde são colocados os botões pretos e os brancos. Não temos casas, como no jogo de xadrez e no de damas. São usados 180 botões de cada cor (não precisa ser esse número exato) para serem colocados sobre os pontos. É um *jogo de conexões* entre os botões que formam *malhas ou cadeias de botões sobre o tabuleiro*. São estruturas diferentes da dama e do xadrez, uma vez que não existem projeções dos deslocamentos das peças sobre o tabuleiro. Tudo está em função *do grau de liberdade* que, no caso, são os pontos livres ao redor de cada peça ou da cadeia montada. Uma peça ou uma cadeia totalmente cercada pelo inimigo, sem grau nenhum de liberdade, é tomada e retirada do tabuleiro.

condição que os alunos não conhecem o jogo de xadrez, e esse é mostrado por uma partida com a intenção de desafiá-los a descobrir suas regras. Como é o movimento do cavalo? E o do bispo? Por que o rei saiu de sua posição quando uma torre inimiga parou bem na sua frente? Serão algumas das perguntas que poderão ser respondidas apenas pela *observação*, e será a *regularidade dos movimentos* do jogo que ensinará esses alunos a descobrirem as regras que *causam os movimentos sobre o tabuleiro*. Esse tipo de experiência, de observar regularidades e construir conclusões, é importante para aprender *as regras Matemáticas* e perceber que esse tipo de interação está também em outras áreas. A astronomia, por exemplo, é um campo da ciência em que esse procedimento de *observar o movimento* para tentar descobrir a *regra* que causa tal movimento esteve presente em todo seu desenvolvimento.

E se os alunos já conhecem as regras? Nesse caso, o professor pode *inventar novos movimentos, portanto, novas peças.*[9] Para essa finalidade, o jogo de xadrez é bem interessante porque possibilita uma pesquisa sobre a invenção e a adaptação das regras em seu desenvolvimento e história. Aqui podemos encontrar uma das justificativas para a escolha do jogo de xadrez: nem todos os jogos lógicos têm uma história e estrutura para tantas combinações e informações.

Mas, ao desenvolvermos o hábito e a capacidade de observar as regularidades dos movimentos das peças sobre um tabuleiro, poderemos explorar mais algumas reflexões importantes para o pensamento matemático. Nos deslocamentos das peças podemos também observar não só as regras que condicionam seus movimentos, mas também como suas trajetórias são formadas. O deslocamento de uma peça por todo o tabuleiro pode ser decomposto em vários deslocamentos menores relacionados ao número de lances ou jogadas feitas durante essa trajetória. Se, durante uma partida de xadrez, desenharmos os deslocamentos de todas as peças, pelo menos de um dos exércitos, e cada peça com uma cor diferente, teremos os mais variados desenhos dos movimentos das peças de um jogo definido como lógico. Se observarmos o

---

[9] No entanto, figuras fabulosas (exóticas) permitem-nos inventar um sem-fim de jogos e problemas fora do comum. Por exemplo, a figura do "maharaj" (ou amazona), que combina as marchas da rainha e do cavalo... (GUIK, 1989, p.106)

desenho feito por um peão que alcança a oitava casa de sua coluna, para ser coroado, teremos um movimento tendendo a uma regularidade. Poderá haver pequenos desvios, se ele capturou alguma peça durante seu percurso. Já o movimento da rainha poderá ser totalmente irregular conforme a estratégia escolhida pelo jogador. Assim, sobre o mesmo tabuleiro teremos *regularidades e irregularidades*.

Explorar os conceitos de regularidade e irregularidade, em uma aula de Matemática, é possibilitar experiências com os conceitos mais essenciais presentes em nossa vida.[10] Os termos regularidade, irregularidade, acaso, ordem, caos associam-se ao que é contínuo e descontínuo e pertencem de alguma forma ao vocabulário da maioria das pessoas. Pelo menos de grande parte. Estamos no caos quando todas coisas acontecem sem a mínima previsibilidade, ordem e sem nenhum tipo de relação de um fato com o outro. Em contrapartida, estar na absoluta ordem é não permitir nenhum fenômeno aleatório, nenhuma surpresa. São duas situações que, felizmente, só podem ser imaginadas. Para a Matemática, são ideias que estiveram presentes em toda sua história e refletem os mais variados pensamentos para a interpretação tanto dos fenômenos naturais quanto dos sociais. São conceitos que permitem conexões com a filosofia, se preferirmos, com a filosofia Matemática. Uma aula que possibilita esse tipo de experiência atinge, pelo menos parcialmente, o objetivo da melhoria de sua qualidade, fazendo interagirem simultaneamente os aspectos específicos e gerais de seu conteúdo.

Mas qual o melhor recurso que propicia essa experiência com a Matemática? A relação entre esses dois polos, regularidade e irregularidade, ordem e acaso, produz uma *tensão* relacionada com a nossa percepção estética do mundo, a qual poderá dar *prazer ou desprazer*. Na sala de aula temos de possibilitar experiências antes de julgá-las. O que é belo para uma pessoa poderá ser feio para outra. Se julgarmos que as experiências com a ordem são mais bonitas do que as que pos-

---

[10] Quando as coisas estão caóticas, estão confusas, aleatórias, irregulares. O oposto do caos é a ordem, disposição, forma, regularidade, predizibilidade, compreensão. O caos, na opinião do cético, é o estado normal das coisas da vida; na opinião do termodinâmico, é o estado para o qual tendem as coisas, se deixadas a si próprias. (DAVIS e HERSH, 1985, p.204)

sibilitam o caos, estamos excluindo um dos polos e, portanto, acabando com a tensão, com a experiência. As irregularidades surgem das regularidades, e vice-versa. A previsibilidade e o acaso estão presentes simultaneamente em muitos jogos e podem ser descritos por testes e simulações. Tais jogos com esse tipo de estrutura pertencem à categoria dos *jogos de testes,*[11] sendo que um dos mais conhecidos é o jogo da *batalha naval.*

Nesses jogos, são feitos testes que podem inicialmente ser interpretados como ações relacionadas a *tentar adivinhar a solução.* As estruturas desses jogos, regras internas, permitem o movimento da irregularidade para a regularidade. O jogo da batalha naval é iniciado com tiros ao acaso, e depois surge um conjunto de resultados descritos por *água ou acertou* que vão construindo *regularidades* que ajudarão a descobrir as posições mais prováveis dos navios. Os tiros dados inicialmente fornecem as primeiras informações para novos testes, e uma parte do jogo, geralmente do meio para o final, começa a ser decidida com *mais previsibilidade.*

Aprender o procedimento de testar para descobrir se há alguma previsibilidade é uma das ações mais importantes tanto no que se refere à experiência Matemática como também à educacional. Imaginar e organizar possíveis soluções de um problema, testá-las e verificá-las são procedimentos que podem ser explorados por várias áreas além da Matemática, como a Física, a Química e a Biologia. São ações que podem influenciar as atitudes dos alunos diante do que já está estabelecido. Os jogos lógicos pertencentes ao grupo de *jogos de teste* constroem enigmas e quebra-cabeças com base em um conjunto de ações entre o *acaso e o previsível.* Uma tensão prazerosa que simula a realidade.

---

[11] No livro *Jogos lógicos* temos três exemplos: no primeiro jogo – "bois e vacas" – é preciso adivinhar o número; no segundo – "acertar na palavra" - descobrir a palavra; no terceiro – "batalha naval" - descobrir a disposição dos navios. Em todos os três jogos, baseados em perguntas e respostas, o jogador que tenta adivinhar recolhe, em cada jogada- pergunta, informações necessárias para descobrir o objecto pensado (quer dizer o número ou a palavra, ou a disposição dos navios). O objectivo do jogo é descobrir o objecto com o mínimo de perguntas". (GUIK, 1989, p.9)

Em cada jogo há vários aspectos que podem ser explorados, e é importante investigá-los para construirmos as relações e os recortes necessários ao conteúdo de Matemática. Se voltarmos ao exemplo do jogo de xadrez, este pode ajudar a desenvolver a habilidade de observação sem condicioná-la a um mesmo conjunto de regularidades, como acontece no jogo da velha. No exercício dessa habilidade, outra também pode ser desenvolvida, a leitura. Ler o mundo é observá-lo construindo argumentos. O tabuleiro de um jogo, como o xadrez, pode ser considerado uma tela ou uma folha de papel em branco na qual as peças escrevem e desenham as ideias de seus jogadores. Cada jogador observa e lê o que o tabuleiro descreve. O jogo de xadrez é um jogo de sinais e indícios, geradores de situações-problema, construído durante as leituras de *pistas*, sendo que cada situação pode ter várias soluções e nenhuma é previamente definida. Transforma-se em um jogo divertido em que os alunos podem brincar de detetive.

As pistas produzidas são as posições e os movimentos das peças que expressam a intenção de cada jogador. Cabe a cada um interpretar, relacionar e projetar diante de cada situação, gerada no jogo, ajudando a desenvolver, dessa forma, as operações mentais que sempre foram importantes para a sobrevivência do homem desde as *épocas mais remotas*,[12] e as quais continuam sendo importantes na formação de qualquer cidadão do mundo moderno. Esse aspecto geral do jogo de xadrez, relacionado à leitura de problemas, tem elementos que interagem diretamente com um conteúdo específico da Matemática, no caso, a geometria. Cada peça tem uma forma e ocupa uma posição. Essas posições, somadas aos movimentos de cada uma, e as possíveis projeções, constroem relações espaciais sobre o tabuleiro.

Toda essa *dinâmica* do jogo de xadrez atrai pesquisadores e apreciadores das mais diversas áreas do conhecimento. Para o caso dos ar-

---

[12] Por milênios o homem foi caçador. Durante inúmeras perseguições, ele aprendeu a reconstruir as formas e movimentos das presas invisíveis pelas pegadas na lama, ramos quebrados, bolotas de esterco, tufos de pêlos, plumas emaranhadas, odores estagnados. Aprendeu a farejar, registrar, interpretar e classificar pistas infinitesimais como os fios de barba. Aprendeu a fazer operações mentais complexas com rapidez fulminante, no interior de um denso bosque ou numa clareira cheia de ciladas. (GUINZBURG, 1999, p.151)

tistas, não faltam analogias com a *estética musical e com as artes plásticas*. Para o primeiro caso relacionando o movimento das peças *aos tons da escala musical,*[13] e o segundo diretamente relacionado à *experiência plástica propiciada pela mecânica do jogo em função das trajetórias das peças e de suas projeções sobre o tabuleiro.*[14]

Agora, depois de termos analisado todos esses aspectos, um que considero de grande relevância para ser retomado é o que está relacionado à história e ao estudo das regras do jogo de xadrez. As mudanças das regras nesse jogo são um aspecto importante de ser observado, e podem servir de recurso para uma análise sobre como as regras dos mais variados conhecimentos são construídas e alteradas. Não é uma informação muito conhecida de que *a dama se movimentava somente pela diagonal de casa em casa enquanto o bispo de duas em duas.*[15] Atualmente, a *regra usada* é a do bispo poder se movimentar em toda a diagonal do tabuleiro enquanto a dama, além de ter esse movimento do bispo, também tem simultaneamente o da torre, que é o de se movimentar em coluna e em linha. E, no futuro, essas regras serão mantidas? Qualquer jogo no qual as regras não conseguem dar bom significado não sobrevive por muito tempo e, inevitavelmente, são transformadas ou aperfeiçoadas para evitar a morte do jogo.

---

[13] Isso talvez se explique pela similaridade com que a música e o xadrez satisfazem os desejos de seus aficionados. Nos dois casos, há uma variedade quase infinita de combinações em que os elementos simples – os tons da escala e os movimentos das peças de xadrez – podem ser unidos para produzir novos efeitos, às vezes impressionantemente belos, atividade sempre fascinante para o espírito criador que todos nós possuímos em grau mais ou menos pronunciado. (LASKER, 1999, p.161)

[14] No livro *Marcel Duchamp:* Engenheiro do tempo perdido temos o seguinte comentário feito por Marcel Duchamp na entrevista de Pierre Cabanne: "Uma partida de xadrez é uma coisa visual e plástica, e se não é geométrica no sentido estático da palavra, é mecânica, desde que se move; é um desenho, é uma realidade mecânica. As peças não são belas por elas mesmas, assim como a forma do fogo, mas o que é belo – se a palavra belo pode ser usada – é o movimento. (CABANNE, 1997, p.28)

[15] A Dama movimentava-se de casa em casa, diagonalmente, e o Bispo de duas em duas casas. Assim, o jogador demorava muito mais do que hoje para ter as suas peças em condições de passarem para a metade adversária do tabuleiro ou de serem ameaçadas por qualquer das peças do adversário. (LASKER, 1999, p.55)

Muitas vezes, a aquisição de determinado conhecimento é semelhante ao aprendizado de um jogo. Nos dois casos há um conjunto de regras que precisam ser aprendidas sem construir o perigoso condicionamento de que são imutáveis. Toda regra pode ser mudada de acordo com as necessidades de determinado contexto, e o jogo é um modelo para essa reflexão. Além disso, também serve para mostrar que a *qualidade das jogadas* depende de outros elementos que não são apenas as regras do jogo. Elementos esses que se desenvolvem *partindo de uma prática* que propicia os mais variados caminhos ou as mais variadas experiências. Assim, ao mesmo tempo que entendemos que o conhecimento não é somente regras, não podemos esquecê-las. O jogo de xadrez e sua história pode ser um modelo ou objeto de estudo para o professor mostrar a seus alunos *a lógica* de como se aprende um tipo de conhecimento. Só se inventam jogadas no jogo de xadrez, ou novas regras, quando suas regras mais básicas e também as mais antigas são conhecidas.

Assim, se saber jogar xadrez passa pela condição de saber dominar as regras do jogo, saber Matemática passa por uma condição análoga. Então, quais são as regras mais fundamentais para aprender Matemática? As atitudes de alunos e professores de como *participar das aulas de Matemática* podem ajudar a construir algumas delas para melhorar o aprendizado. Esse aspecto geral do jogo, de servir como modelo de um tipo específico de conhecimento, pode auxiliar professores e alunos a refletirem sobre as formas de aquisição do conhecimento matemático. Uma reflexão importante para melhorar o significado do que se aprende e para que se aprende.

Construções, rupturas para transformações das regras não acontecem apenas nos jogos. Todo conhecimento possui essa dinâmica e a Matemática tem de ser vista também como exemplo disso. É claro que há regras que ficam praticamente imutáveis, em virtude do potencial de sua generalização e eficiência. Mas isso não significa que deva ocorrer com todas as regras. Muitos alunos acreditam que as regras, na Matemática, não mudaram pelo desenvolvimento de sua história. Essa é uma crença que não é questionada pela escola, causando grandes distorções na aprendizagem de conceitos matemáticos. Se entendermos também o termo regra como uma concepção prévia, ou uma definição já aceita, perceberemos que a história da Matemática é um jogo permanente, no qual se alteram ou se acrescentam novas concepções ou premissas e, portanto, novas regras.

A Matemática, como qualquer outro conhecimento, é uma área de conflitos entre concepções e pontos de vista diferenciados. Aprender regras, e saber utilizá-las, é um dos procedimentos mais fundamentais para a aprendizagem de qualquer tipo de conhecimento. E entender que elas podem se transformar é o passo mais importante que um aluno pode dar durante esse aprendizado.

3. O jogo lógico como conteúdo no currículo de Matemática

Introduzir o jogo lógico no currículo é inserir um artefato com um conjunto de regras que pode ajudar a desenvolver *procedimentos e reflexões importantes*, discutidos até aqui, no que se refere aos vários aspectos e possibilidades de abordagem do conteúdo de Matemática. Inserido no currículo, e não empregado de forma aleatória, poderá ser visto e analisado como outros instrumentos e recursos que já são adotados pela escola. Um bom exemplo é o ábaco. Ele é um antigo instrumento que organizou o homem nos processos de contagem. Na escola, não é apenas um instrumento com o objetivo de contar, se transforma também em um recurso *para mostrar aos alunos* como se desenvolveu *uma parte* dos conceitos ou das definições do conhecimento matemático. Semelhante ideia serve para o teodolito. Um instrumento empregado na topografia, importante para mostrar aplicação da trigonometria, mas que pode ser usado em sala de aula em atividades mais simples, como a ilustração do conceito de um ângulo. Poderíamos elencar muitos outros exemplos, investigando-os e tendo em vista as seguintes questões: o que podemos extrair de cada recurso? Que conexões podemos fazer ao introduzi-lo em um currículo?

Os jogos lógicos como o xadrez, a damas e o *go* podem se transformar em um laboratório de problemas com o objetivo de desenvolver vários procedimentos importantes contidos no conhecimento e no pensamento matemático. Da mesma forma que aprender a usar o ábaco ajuda o entendimento dos processos de contagem, aprender esses jogos possibilita desenvolver habilidades, como já descrito, de *ler e interpretar problemas e analisar procedimentos para resolvê-los*. Assim, o jogo lógico, como o caso do xadrez, se transforma em uma ferramenta, como o ábaco, cabendo ao professor estudar suas possibilidades de manuseio.

O jogo lógico deve ser lembrado *como um instrumento* semelhante à régua ou à máquina de calcular só que, em vez de medir e calcular, desenvolverá *os procedimentos fundamentais* para a construção e a resolução de problemas. Deve ser introduzido no currículo como um *conteúdo e um recurso que produza problemas*, mesmo que as regras não estejam diretamente relacionadas a informações Matemáticas. Na Matemática *existem vários conteúdos que se transformam em recursos*, como a fórmula de Baskara, usada para resolver uma equação de segundo grau. Se um aluno aprende as regras de uma fórmula para resolver um determinado tipo de equação, então por que não aprender um conjunto de regras para construir determinados tipos de problemas? A fórmula de Baskara é um conjunto de regras, como em um jogo, e o enriquecimento e a melhora de seu significado dependerão das conexões que serão feitas pelo professor. Só assim deixará de ser apenas um conjunto de regras, tal como ocorre com *qualquer outro recurso*, seja um computador ou um jogo lógico, ou ainda, com *qualquer outro conteúdo*, seja a álgebra, a aritmética ou a geometria.

Assim, partindo desse ponto de vista, o jogo lógico analisado *como conteúdo* servirá não somente para experiências do desenvolvimento dos procedimentos importantes no que se refere à resolução de problemas, os aspectos específicos, ou para uma formação mais geral, aos aspectos gerais, mas também possibilitará *conexões com os* mais variados conceitos da Matemática. Já discutimos as possíveis conexões do jogo *com os processos* contidos no conteúdo de Matemática e de outras áreas, agora a próxima etapa seria: como relacionar o conteúdo de um jogo lógico *com os conceitos* da Matemática? Que conceitos podem ser desenvolvidos pelos jogos lógicos? Qual dos jogos lógicos possibilita mais experiências, mais interações e mais conexões para essa finalidade?

Capítulo 3

A experiência do jogo de xadrez na aula de Matemática[1]

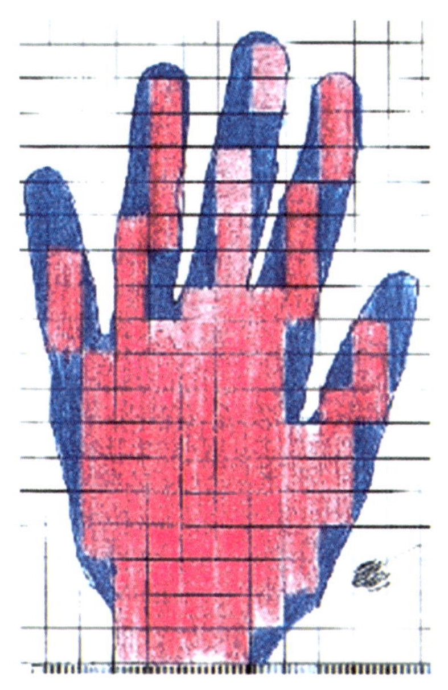

Cálculo da área da palma da mão. Luana, 6º série, 2001

---

[1] As ilustrações das atividades apresentadas neste capítulo são reproduções dos registros feitos pelos alunos (apresentados por legendas) e das minhas anotações para desenvolvê-las.

1. A experiência na escola e na sala de aula

A escola é um espaço público que, em qualquer lugar do mundo, tem o objetivo de transmitir um conjunto de experiências construídas pela humanidade. Algumas de caráter mais específico, relacionadas apenas ao lugar ao qual a escola pertence, e outras mais gerais, associadas ao mundo e a tudo que foi acumulado pela civilização. Elas são feitas em um período relevante da nossa vida e grande parte é definida e construída intencionalmente pelo currículo escolar. *Podem ser agradáveis ou não*[2] agindo sobre as experiências individuais, que cada aluno tem de acordo com sua história, e têm como objetivo a ampliação do seu universo cultural ou, no mínimo, o aperfeiçoamento das experiências anteriores já acumuladas por eles.

Sobre uma experiência ser ou não agradável, esse é um julgamento centrado tanto no ponto de vista do aluno quanto no do professor. Nunca haverá um julgamento homogêneo em relação a qualquer tipo de experiência na escola ou fora dela. O conflito é uma variável sempre presente na relação de ensino e aprendizagem. Já em relação *aos efeitos das experiências*, temos de entender a sala de aula como um espaço público que tem como um dos objetivos permitir a *expressão* dos resultados das experiências acumuladas pelos alunos. Elas podem ser do processo escolar ou não. É um lugar onde seus efeitos aparecem, das mais variadas formas, mostrando os *acertos e os desacertos das experiências anteriores,*[3] de ensino e aprendizagem, em relação ao conteúdo.

No caso específico da Matemática, as experiências desenvolvidas com seu conteúdo entre os alunos e seus professores possibilitam muitas reflexões sobre as causas de algumas distorções que se perpetuam na

---

2 A qualidade de qualquer experiência tem dois aspectos: o imediato de ser agradável ou desagradável e o mediato de sua influência sobre as experiências posteriores. O primeiro é óbvio e fácil de julgar. Mas, em relação ao efeito de uma experiência, a situação constitui um problema para o educador. (DEWEY, 1971, p.16)

3 "A crença de que toda educação genuína se consuma através de experiência não quer dizer que todas as experiências são genuínas e igualmente educativas. Experiência e educação não são termos que se equivalem. Algumas experiências são deseducativas. É deseducativa toda a experiência que produza o efeito de parar ou distorcer o crescimento para novas experiências posteriores." (DEWEY, 1971, p.14)

história de seu aprendizado. Por que a Matemática é considerada pelos alunos um conteúdo difícil de ser aprendido? Em 1988, na EMPG Castro Alves, como professor efetivo de Matemática, observei que a maioria dos alunos a definiam apenas como um conjunto de fórmulas ou regras. Um grande exemplo dos efeitos das experiências que são capazes de distorcer as noções e os conceitos, inclusive, do que se entende por Matemática.

Minhas observações feitas durante a aula indicavam que os alunos não sabiam abordar de forma lógica o que era definido, pelo currículo e pelo livro didático, como *um problema de Matemática*. Na maioria dos casos, tentavam lembrar apenas as regras específicas para solucioná-los. Era uma reação diretamente relacionada ao tipo e à própria qualidade de problema com que tinham interagido durante o processo escolar. Traziam a experiência de lidar *apenas* com problemas que não produziam desafios e não davam liberdade para a imaginação ou para a elaboração de novos caminhos para a resolução. Eram problemas que reduziam o encadeamento lógico a um único e mecânico procedimento de solução. A distorção aqui não estava nas experiências com problemas que estimulavam a habilidade de memorização e mecanização de algumas técnicas, mas na exclusão de *outros tipos de problemas e, portanto, de novas experiências com o pensamento lógico*.

Como reverter essa situação? A ideia de introduzir o jogo de xadrez, em sala de aula, surgiu como uma tentativa de mudar a relação dos alunos com a forma de interagirem e resolverem os problemas de Matemática. Como para esses alunos o conteúdo de Matemática era um amontoado de regras, era necessário estimulá-los a descobrir *novos hábitos* na forma de lidar com elas, além de simplesmente memorizá-las. Era fundamental estimular neles o prazer dos *jogos* de deduções e conclusões por meio de um conjunto de regras.

Aprender uma regra de forma isolada, sem nenhum critério, é uma forma ilógica de aprender qualquer conteúdo. Contribui apenas para um acúmulo de informações e pode perder a relação com o próprio conhecimento que a produziu. Para o caso da Matemática, esse tipo de relação produz uma das mais violentas contradições, tendo em vista que essa disciplina se define como a mais lógica do programa escolar.

Dessa forma, as experiências de sala de aula que se preocupam apenas com informações e com a memorização em vez de aperfeiçoarem o conhecimento matemático o desorganizam. Uma experiência que faz o aluno desaprender Matemática e ajuda a reforçar o mito da dificuldade que ela representa na cultura escolar.

Assim, em 1988, a ideia de ensinar meus alunos a jogarem xadrez surgiu como oposição a um conteúdo cheio de vícios e *abordagens ilógicas*. Era uma proposta para estimular o pensamento lógico-matemático na sala de aula. Os alunos precisavam descobrir *o prazer de pensar em um problema*. Essa estética do hábito de pensar tinha que ser um exercício de mão dupla. Tinha de ser um jogo entre o *desafio de um problema* e a possibilidade real de resolvê-lo. Eu precisava de uma ferramenta que possibilitasse esse tipo de interação. Uma ferramenta que também se desprendesse temporariamente de um conteúdo, identificado como difícil e chato, e possibilitasse a aproximação com interações mais divertidas. Meu objetivo inicial era uma intersecção entre a lógica e a diversão. Na época, eu não tinha toda esta reflexão, apenas intuição.

O jogo de xadrez foi lembrado como um jogo que produzia uma infinidade de problemas lógicos com um grande número de pessoas, de diversas culturas, se concentrando neles. Perguntei a eles se gostariam de aprender esse jogo. Não houve uma resposta e sim outra pergunta: "Não é difícil, professor?". Uma pergunta que se misturou com uma parte da sala que ficou curiosa e com outra em silêncio. Nenhum aluno da sala sabia jogar xadrez. Essa constatação me conduziu a outra pergunta: "Vocês já ouviram falar desse jogo?". Dessa vez, a resposta foi timidamente afirmativa. Era uma resposta que mostrava a distância entre o jogo milenar, estudado por artistas e cientistas, e os alunos de uma escola pública da periferia de São Paulo. Se eu tinha alguma dúvida de ensiná-los a jogar xadrez, a reação da sala me empurrou definitivamente ao trabalho de introduzi-lo em sala.

O raciocínio lógico e dedutivo é um processo que sempre está associado ao ensino de Matemática, e estimulá-lo é sempre um dos objetivos de qualquer planejamento. Os erros e as confusões feitas pelos alunos, com *as regras matemáticas, levam* uma pergunta: até que ponto *o conteúdo de Matemática* ensinado nas escolas estimula o pensamento lógico e dedutivo? Como repensá-lo? O que propor? Assim, ensinar um jogo, um conteúdo novo, que ajudasse os alunos a interagir com a lógica de forma mais desafiadora, à qual apenas uma elite tinha acesso, se transformou em meu novo objetivo.

2. As primeiras experiências com o jogo de xadrez

Em 1988, os aspectos de formação geral tornaram-se bem relevantes e me estimularam bastante a introduzir o jogo de xadrez em sala de aula. Socializar um jogo com esse perfil e tradição intelectual para alunos da periferia foi o que deu significado às minhas aulas. Finalmente, eu podia propiciar algum tipo de experiência nova a meus alunos. Ensinar o jogo de xadrez para um grupo de alunos que nunca tinha tido essa experiência era um aspecto geral da formação que não envolvia apenas meus alunos. Diante desse tipo de trabalho, eu também estava sendo formado.

Era um trabalho que, a princípio, podia ser sintetizado em dois desafios. O primeiro, ensinar o jogo de xadrez; o segundo, utilizá-lo como um recurso para produzir *novos problemas para os alunos interagirem*. Para este último desafio eu ainda não tinha nenhum planejamento, e os desdobramentos estavam para acontecer, não especificamente com a turma dessa escola, mas em experiências posteriores.

Posso afirmar que os ensaios feitos nessa primeira escola, em 1988, propiciaram resultados que influenciaram a organização de futuros trabalhos. Um deles foi estimulado pelo fato da escola não ter os tabuleiros nem as peças do jogo. Isso influenciou todo o trabalho e propiciou a descoberta de experiências que foram além do estudo de problemas lógicos produzidos pelo jogo de xadrez.

Descobrir que a *ação de improvisar* podia estar presente nas aulas de Matemática foi bem agradável. As aulas de Matemática carregam o conceito, na cultura escolar, de que nelas só podem estar contidos os hábitos relacionados à lógica. Um erro de leitura e interpretação sobre a diferença entre conteúdo de Matemática e uma aula de Matemática. A aula nunca é o conteúdo de uma única disciplina.

Improvisar as peças e o tabuleiro serviu para mostrar que o processo de criação pode resgatar o significado de uma aula. As peças foram representadas por tampinhas de refrigerantes, enquanto os tabuleiros foram desenhados em cartolinas. Sobre as tampinhas eram colados pedaços de papéis com os respectivos desenhos das peças. Desenhos que também eram improvisações.

Foram aulas que, muitas vezes, não pareciam ser de Matemática. Era uma etapa em que os aspectos gerais estavam sendo mais incentivados e organizados em sala de aula. Os aspectos específicos por enquanto estavam sendo adiados. E o motivo era bem simples. Nesse tipo de trabalho finalmente estava conseguindo me comunicar com a sala, em relação à organização e à forma de como aprender o jogo de xadrez, e isso permitia muitas variações didáticas. Um aprendizado que, mais tarde, poderia ser transposto para outras questões mais específicas desse jogo em relação à Matemática. Jogar com cada aluno ou com a sala são dois exemplos dessas variações.

Os desenhos e as formas das peças mudavam a cada partida. Os alunos inventavam e criavam. Os aspectos gerais estimulados pelo jogo na sala de aula se tornaram mais importantes do que ensinar o algoritmo de uma equação. Pelo menos para aquele grupo. Lembro-me de alguns alunos jogando no pátio. Pela primeira vez, o conteúdo que eu tinha ensinado na sala de aula tinha ocupado outros espaços escolares. Uma das observações mais felizes que pude fazer em uma escola. A próxima etapa do trabalho era construir uma intersecção entre o conteúdo do jogo e o conteúdo de Matemática.

3. As observações das partidas na sala de aula

Se nas minhas observações em relação ao conteúdo vigente eu havia construído uma crítica ao excesso de algoritmos e mecanizações para as soluções dos problemas, em contrapartida ainda não tinha construído experiências, com a introdução do jogo de xadrez na sala de aula, que justificassem uma *mudança de estado em relação à produção e solução de problemas*. A qualidade das partidas garantia os aspectos gerais como participação em aula e a concentração diante da tarefa de jogar xadrez, no entanto, o aspecto específico de estimular os procedimentos lógicos ainda era bem questionável.

Os alunos estavam aprendendo e, portanto, nada mais esperado do que o aparecimento dos erros, tanto na interpretação das regras quanto na *forma frágil* de relacioná-las na dinâmica do jogo. Claro que com o tempo isso seria lapidado. Uma variável sempre presente no que se refere a qualquer tipo de experiência educacional. Ela tem de ser sempre interpretada para não cairmos nos dois extremos. O do imediatismo e daquele que tudo é construído apenas com o tempo. Uma interpretação importante que cabe ao professor. *Ele deve ter o papel ou a função de saber discernir a qualidade e a viabilidade das experiências feitas em sala de aula.*[4]

Mesmo nas partidas realizadas por alunos que não cometiam erros, os procedimentos eram bem limitados. Muitas jogadas eram feitas ao acaso *sem um planejamento intelectual*. Se, de um lado, eu tinha acertado ao propor algo novo, que ampliasse o conhecimento dos alunos, de outro, eu ainda não conseguia cumprir alguns objetivos em relação à produção de *novos problemas*. Por mais que o tempo se encarregasse de treinar os alunos, com a probabilidade de surgirem partidas com problemas lógicos mais elaborados, como professor eu não podia esperar que apenas o tempo decidisse.

Assim, resolvi interferir construindo problemas, inicialmente, com as regras dos movimentos das peças. Uma metodologia que possibilitaria, mais tarde, a presença do jogo de xadrez na sala de aula das mais variadas formas. Inclusive, uma delas para organizar a confecção do jogo de modo mais elaborado durante o seu aprendizado. Um tipo de trabalho que será discutido no próximo capítulo.

A possibilidade de extrair do jogo as regras dos movimentos das peças para a construção de desafios permitiu a criação de muitos problemas com uma linguagem simples e acessível. Um jogador quer

---

[4] A experiência pode ser imediatamente agradável e, entretanto, concorrer para atitudes descuidadas e preguiçosas, deste modo atuando sobre a qualidade das futuras experiências, podendo impedir a pessoa de tirar delas tudo que têm para dar. Por outro lado, as experiências podem ser tão desconexas e desligadas umas das outras que, embora agradáveis e mesmo excitantes em si mesmas, não se articulam cumulativamente. A energia se dispersa e a pessoa se faz um dissipado. Cada experiência pode ser vívida, intensa e interessante, mas sua desconexão vir a gerar hábitos dispersivos, desintegrados e centrífugos. A consequência de tais hábitos é a incapacidade no futuro de controlar as experiências, que passam a ser recebidas como fontes de prazer, descontentamento e revolta. (DEWEY, 1971, p.14)

deslocar uma torre da casa A1 para a F8 em apenas dois lances e parando na casa C4. Quais os caminhos possíveis em um tabuleiro vazio? A experiência de construir esse tipo de problema conduziu à reflexão do entendimento e do significado do que é um problema lógico *mais interativo e com mais qualidade.* Do ponto de vista enxadrístico podem ser considerados problemas bem simples, no entanto sua estrutura atendia a meu objetivo de *introduzir os alunos ao hábito de lidarem com desafios lógicos*. Problemas que os desafiassem, mas não os desanimassem. *Quantos caminhos são possíveis para a rainha se deslocar de uma casa para outra?* Esse tipo de problema mostrava para a sala que o número de caminhos dependia tanto da posição inicial quanto da posição final a ser alcançada pela rainha. Um problema descoberto e construído na experiência de tentar desafiar a sala em novos processos na resolução de problemas.

Em cada ensaio, os resultados eram surpreendentes. Cada problema, produzido com a regra do movimento da rainha, permitia *vários caminhos para a solução* ou ainda outros problemas semelhantes com soluções diferentes. Foram momentos em que toda a sala se concentrava. Todos entendiam o objetivo do problema. A sala de aula jogava com o problema e eu com a sala, mudando apenas a posição inicial da rainha e sugerindo um novo deslocamento. Os problemas da rainha sobre um tabuleiro vazio são *fragmentos* do jogo de xadrez. Podem ser considerados pedaços do jogo. A rainha é uma peça importante e saber deslocá-la com destreza tem de ser uma das habilidades de um bom jogador.

Essas experiências se expandiram para outras peças, transformando o jogo de xadrez em um *laboratório de problemas lógicos* com todas as soluções discutidas por meio de esboços e diagramas construídos na lousa e no caderno. Um laboratório que também era uma ferramenta para planejar as aulas em seus limitados intervalos de tempo.

4. Os problemas e os primeiros elementos geométricos

Os problemas produzidos pelas peças sobre o tabuleiro estimulam vários elementos geométricos. Podemos começar a análise com um dos elementos mais exigidos durante o aprendizado do jogo, que, no caso, é a *posição*.

Desde as épocas mais remotas, a necessidade de se posicionar sempre se expressou como um dos procedimentos mais importantes de organização social. A escolha de um referencial para o estudo da posição é um dos exercícios fundamentais para o desenvolvimento do pensamento geométrico. Dele também deriva o conceito de *direção*. Um elemento que esteve sempre presente na cultura humana.[5]

O jogo de xadrez estimula esses dois conceitos geométricos, e, além disso, justifica a necessidade da construção de um sistema de coordenadas para o estudo da posição das peças. Um método que é utilizado para qualquer corpo, esteja ele sobre um tabuleiro ou sobre a superfície de qualquer planeta. Não importa a especificidade do sistema de coordenadas empregado em cada situação e sim, pelo menos inicialmente, o significado de sua função. Discutir a maneira de como localizar uma peça sobre o tabuleiro é também ensinar uma linguagem que pode ser aplicada em outros casos do nosso cotidiano, por exemplo, a localização de pontos sobre a planta de uma cidade.[6]

Outra derivação do conceito de posição é a da trajetória. Ela é uma sequência de posições definidas durante um deslocamento. Podemos afirmar, inclusive, que uma trajetória pode ser decomposta em uma infinidade de deslocamentos. Tudo depende do objetivo e de como se organiza seu estudo. A leitura e o desafio dos problemas, construídos com o jogo de xadrez, desencadeavam a necessidade de certos tipos de procedimentos para o estudo da trajetória da peça sobre o tabuleiro.

---

[5] Mas, observar o nascer de determinada estrela ou constelação, implica saber em que ponto do horizonte ela deve aparecer, e tudo parece indicar que o homem neolítico construía monumentos rudimentares destinados a fixar a direção de certos fenômenos celestes muito antes de se construir cidades que tenham deixado restos permanentes. Para reconhecer a direção em que deverá avistar um objeto no horizonte cumpre observá-lo de certa posição e referi-lo em alguma direção fixa. (HOGBEN, 1952, p.55)

[6] Observemos que o problema se nos apresenta a cada passo, na vida cotidiana, e vemos que, no fundo, sua solução é sempre a mesma. Todo mundo conhece, por exemplo, a maneira pela qual se resolveu o problema do tabuleiro de xadrez, bem como de uma planta de uma cidade: numeram-se os quadrados de 1 a 8, numa direção e de **a** a **h**, na outra. Pode-se então dizer: as brancas deslocam o cavalo de c3 para d5. As pretas colocam o rei em f8. As brancas movem a rainha da c2 para b7. (KARLSON, 1961, p.240)

São procedimentos que servem não apenas para visualizar a trajetória, mas também para mostrar as etapas de sua construção. Como já discutimos, no caso da rainha, nos deslocamentos pode haver uma ou mais trajetórias. As experiências de detalhar as trajetórias por diagramas ajudam a explicitar as *soluções imaginadas* construídas pelos alunos. Usa-se uma cor para cada caminho.

O procedimento de analisar a trajetória em função do número de jogadas permite a construção de vários tipos de problemas. Ajuda

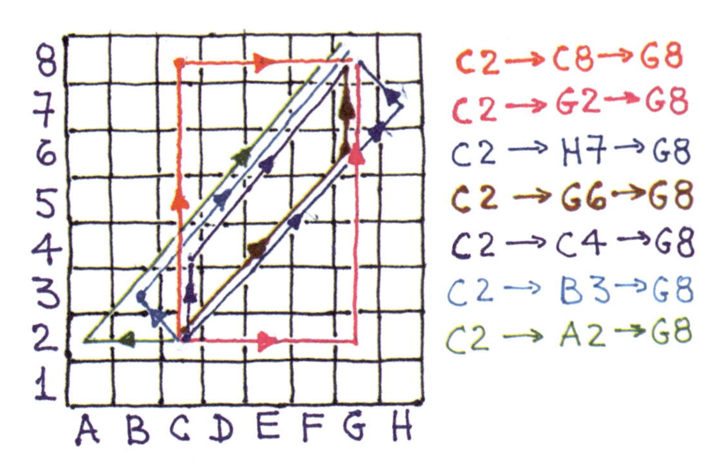

Os possíveis caminhos de uma rainha que ocupa a casa C2 ao ser deslocada para a casa G8 em duas jogadas

também a visualizar o importante conceito de que a trajetória de um corpo é construída por uma sequência de etapas entre a sua posição inicial e final. É um jogo geométrico entre *posição e direção* que estimula a noção de ângulo. Ir de uma casa para outra sobre o tabuleiro é o mesmo que ir de um ponto para outro sobre o plano. Mudam apenas a representação e o grau de liberdade em relação à direção.[7]

[7] Convém fazer com os alunos algumas atividades que trabalhem a mudança de direção para, mais tarde, juntamente com as noções de paralelismo e perpendicularismo, fundamentar o conceito de ângulo. (CENP, 1992, p.54)

A trajetória do deslocamento da peça depende da regra de seu movimento, da posição inicial e final escolhida e do número de lances permitidos. São condições de contorno que definem a qualidade do problema. Um bom exemplo é o movimento da torre obrigando-a a parar em uma das casas. Mudam o número mínimo de lances e a quantidade de caminhos. A figura a seguir mostra os caminhos que podem ser percorridos por uma torre, em um número mínimo de lances, da casa B2 para a casa F7 parando obrigatoriamente na casa D5.

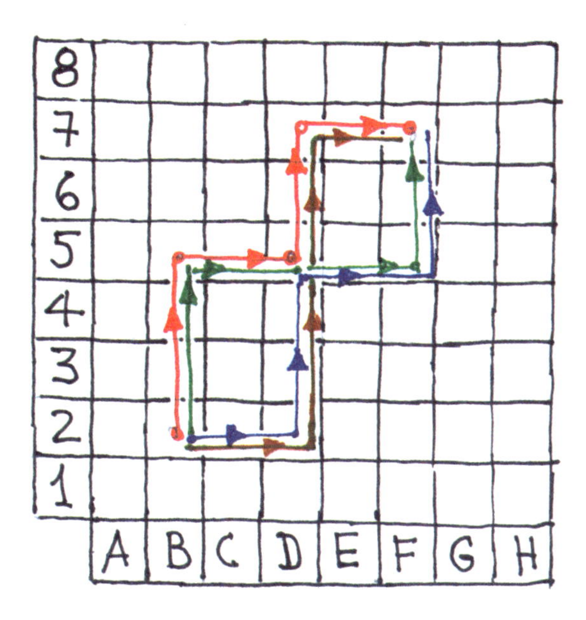

Caminhos da torre da casa B2 para F7 parando na D5

Outros conceitos vão surgindo durante o estudo dos problemas com as regras dos movimentos das peças e com a possibilidade de inserirem-se condições de contorno. As definições do que é vertical, horizontal, esquerda e direita dependem da posição do jogador ou de algum observador do jogo. O tabuleiro com as peças é um bom instrumento *para brincar com conceitos que dependem de um referencial.* Podemos mudar os jogadores ou o próprio tabuleiro de posição para estimular a construção de problemas com esse tipo de objetivo. Uma experiência importante, já que a geometria, na maioria das escolas, é ensinada em um formato que condiciona a um único tipo de *visualização espacial*.

Por exemplo, as figuras geométricas impressas nos livros didáticos acabam sendo *lidas de uma única posição*. É muito difícil lembrar, em uma aula de geometria com um livro didático, que a posição da figura, em relação ao leitor, pode ser alterada girando-se o livro sobre a carteira. É sempre relevante afirmar que o procedimento para se ler um texto não é o mesmo que deve ser usado para se *ler uma figura geométrica*. No texto, na nossa forma ocidental de ler, fica definido sempre o movimento dos olhos da esquerda para a direita. Claro que em outras culturas temos outros procedimentos, por exemplo, a leitura de cima para baixo ou da direita para a esquerda. No entanto, todos definem uma única direção. As figuras geométricas são conteúdos que podem ser lidos em várias direções e sentidos.

Outro elemento importante a ser explorado é o da projeção do movimento. Pedir para um aluno desenhar o formato de um quadrado com o movimento do dedo, no espaço da sala de aula, é um exemplo de projeção e movimento com várias possibilidades de construção. O desenho produzido pelo movimento do dedo ou de qualquer corpo é difícil de ser mostrado. Poderia ser usada uma máquina fotográfica com a velocidade do obturador bem baixa (diafragma bem aberto) e uma lâmpada estroboscópica para registrar o movimento de qualquer corpo, como um giz sendo atirado. Mas qual escola pode oferecer esse tipo de recurso? Acho que algumas. Na escola pública, o recurso para o estudo da geometria do movimento dos corpos tem de ser outro.

O estudo desse tipo de geometria fica sempre mais relacionado ao estudo da física. Essa é uma das consequências de um tipo de organização curricular que ainda não percebeu a importância desse conteúdo para o desenvolvimento do pensamento geométrico. A projeção do movimento organiza o pensamento lógico. O próprio ato de pensar e criar é projetar. Projetar o movimento de uma peça sobre o tabuleiro estimula a abstração. Porém, não basta apenas o estímulo. É necessário que os procedimentos sejam organizados, porque nem todos os alunos foram despertados para esse tipo de experiência. Deixar a peça parada e pedir para os alunos riscarem ou pintarem as possíveis casas a serem ocupadas, identificando a posição de cada uma delas, é uma das experiências mais gratificantes que já tive em sala de aula. A figura a seguir ilustra essa experiência com base no seguinte desafio: quais são as casas que podem ser ocupadas por uma torre na casa E4?

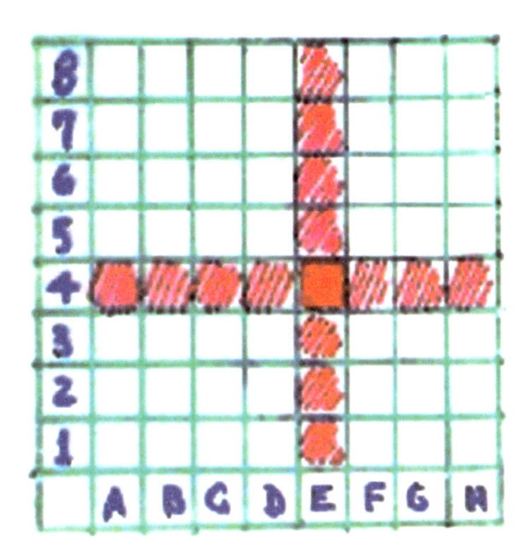

Projeção das possíveis casas a serem ocupadas por uma torre na casa E4

Pintar e identificar a posição de cada casa que pode ser ocupada por determinada peça são ações importantes para os alunos se concentrarem e se organizarem. Nelas, há também o elemento estético da cor que é escolhida pelos alunos ao pintarem as casas. Tal experiência é feita com todas as peças do jogo de xadrez, e é uma das etapas que terá as consequências mais importantes na tentativa de interseccionar o conteúdo de Matemática com o conteúdo do jogo, não apenas em relação aos procedimentos de resolução de problemas, mas também em relação aos conceitos matemáticos.

Outro elemento geométrico, consequência das projeções dos movimentos, são as formas geométricas construídas nessas projeções. No caso da rainha, os graus de liberdade de seu movimento permitem o exercício visual de três deslocamentos: horizontal, vertical e diagonal. A rainha é a reunião simultânea do movimento da torre e do bispo.

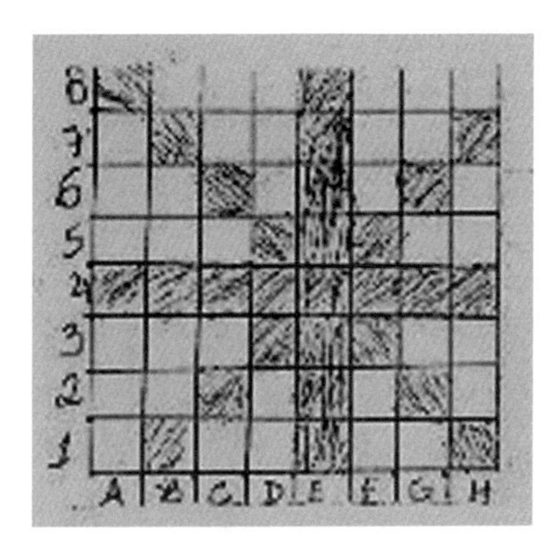

Projeção do movimento da rainha na casa E4, Cristiane, 6ª série, 1993

Dessa forma, explorando o movimento e a projeção de cada peça, podem ser feitas experiências interessantes com uma ou mais peças sobre o mesmo tabuleiro. As intersecções, resultado das projeções das possíveis casas a serem ocupadas por duas peças inimigas, estimulam e desenvolvem a abstração do pensamento geométrico. O jogo de xadrez transforma-se em uma ferramenta para o exercício desse pensamento e um laboratório à medida que desencadeia uma infinidade de experiências. As definições geométricas de paralelismo e perpendicularismo podem ser exploradas nas experiências dessas projeções ou mesmo pelas trajetórias das peças sobre o tabuleiro. Ao pintarmos a projeção das casas possíveis de serem ocupadas por uma torre, colocada no centro de um tabuleiro vazio, formam-se duas *faixas* perpendiculares. Então, se colocarmos duas torres em vez de uma, elas formarão *faixas paralelas e perpendiculares.*

Para melhorar essa visualização, faz-se uma correspondência entre a cor da peça e as respectivas casas da projeção do seu movimento. Estabeleço a regra de que essas casas devem ser pintadas com a mesma cor da peça. Por exemplo, faz-se o exercício de os alunos imaginarem sobre um tabuleiro vazio uma torre verde na casa C2 e uma torre vermelha na casa F6. Logo depois solicito que desenhem esse tabuleiro representando essas duas torres por pequenos quadrados, e que as projeções das casas possíveis de serem ocupadas sejam pintadas com a respectiva cor de cada peça.

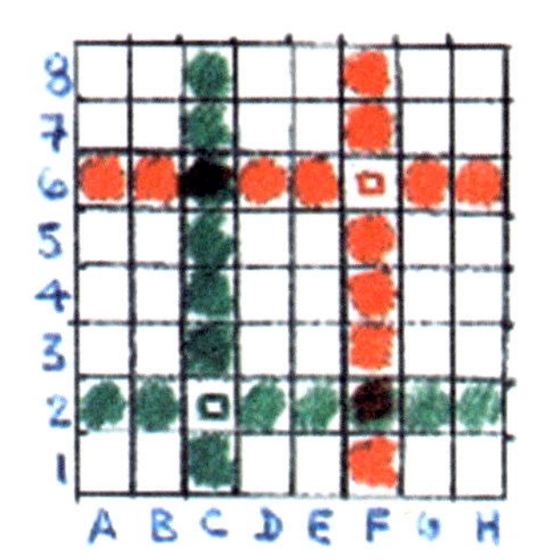

Projeções das torres em C2 e F6 com as intersecções em F2 e C6

O resultado é estético e geométrico. As faixas de mesma cor são perpendiculares e as de cores diferentes são paralelas. Elas formam um retângulo sobre o tabuleiro no qual a posição das duas torres são dois vértices e a intersecção das faixas os outros dois. Esse exercício pode ser feito com outras peças e outras cores, em um tabuleiro com o número maior de casas, para o estudo de outras figuras geométricas. Por exemplo, podemos construir um tabuleiro retangular com 15 colunas, de A a O, e linhas numeradas de 1 a 12. Escolhemos a casa E11 para colocarmos uma torre azul, representada por um retângulo, e a casa B2 para colocarmos um bispo verde representado, por um triângulo. Pintamos as projeções das possíveis casas a serem ocupadas por essas peças com suas respectivas cores.

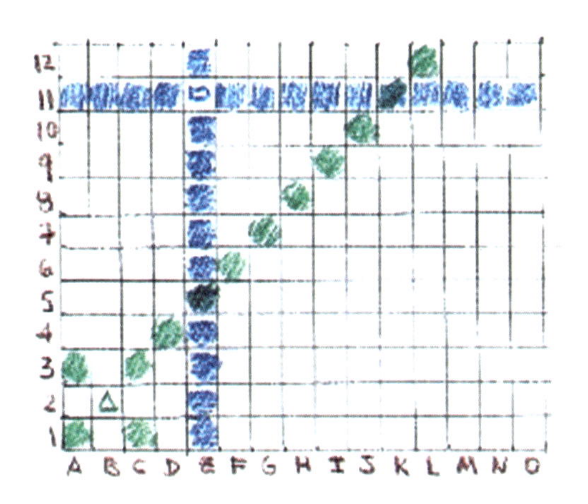

Bispo na casa B2 e torre na casa E11, respectivamente, com projeção verde e azul

Trata-se de atividade que permite a construção de uma sequência de perguntas. Uma delas, talvez a mais simples, é sobre a figura geométrica formada pela intersecção das faixas. Mas podem ser exploradas novas situações com outras peças que têm movimentos diferentes e, portanto, projeções diferentes. Que tal uma experiência nesse tabuleiro com uma rainha violeta e uma torre vermelha?

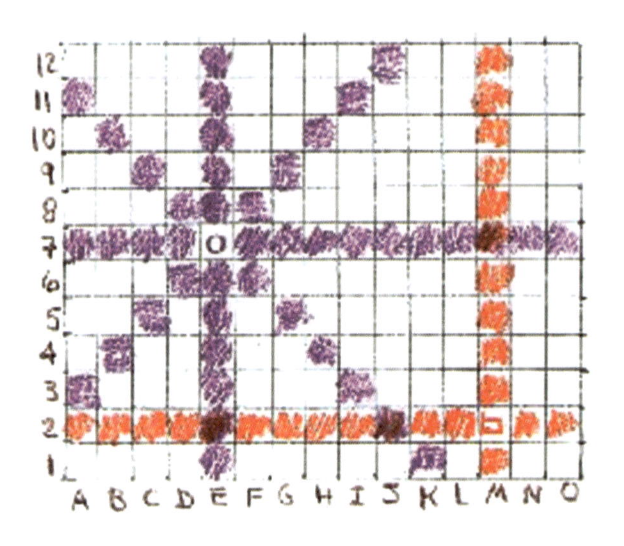

Rainha violeta na casa E7 e torre vermelha na casa M2

A escolha aleatória das peças e das cores torna-se divertida e estimula esteticamente a leitura das experiências geométricas sobre o tabuleiro. A construção de polígonos no plano, as relações entre os ângulos formados pelas faixas coloridas sobre a malha quadriculada ou tabuleiro são alguns exemplos de procedimentos que podem ser utilizados com uma linguagem visual mais acessível para a aprendizagem dos conceitos geométricos.

É importante reconhecer que esse passa a ser um recurso com uma *linguagem visual* que permite a criação de uma infinidade de problemas interativos. As faixas coloridas movimentam-se sobre o tabuleiro de acordo com as regras dos movimentos das peças e, além disso, o número de casas do tabuleiro pode ser ampliado ou reduzido para melhorar a qualidade do desafio das experiências e dos problemas. Enfim, é com um instrumento flexível que se estimula a criação de vários tipos de experimentos geométricos.

Mas as questões sempre existem. E uma relevante para a discussão, no currículo de Matemática, é sobre os *tipos de representações* que utilizamos no estudo de geometria. A princípio, as faixas coloridas não são as representações que estamos acostumados a usar em sala de aula. Aprendemos geometria sempre com linhas, pontos e planos. Por quê? Interseccionar duas faixas não é a mesma coisa que interseccionar duas linhas?

5. Para repensar o ensino de geometria

As questões geométricas que surgem sobre o tabuleiro possibilitam relações diretas com as várias classificações que existem no estudo da geometria. Nessas experiências, principalmente sobre as projeções, não temos mais uma geometria estática, mas a introdução da geometria do movimento. Uma geometria que tem relações com conceitos de Física relacionados com a óptica e a cinemática. A relação com a óptica permite questionamentos sobre as imagens que usamos para *representar* a forma dos corpos observados. Qualquer objeto a uma grande distância pode ser representado por um ponto, e esse em movimento por uma linha. Uma relação importante não só para a Matemática e a Física mas também para *as artes plásticas*.[8]

Mas a linha pode representar tanto o movimento de um objeto quanto sua forma. Assim, estudar geometria é também relacionar conceitos de estática e de dinâmica. Essa reflexão é importante, em

---

[8] A linha geométrica é um ser invisível. É o rasto do ponto em movimento, logo o seu produto. Ela nasceu do movimento – e isso pela aniquilação da imobilidade suprema do ponto. Produz-se aqui o salto do estático para o dinâmico. (KANDINSKY, 1997, p.49)

particular para professores que não tiveram oportunidade de *repensar o ensino de geometria*. Qualquer imagem de um objeto – um desenho ou uma fotografia – é uma representação desse objeto. Assim, podemos começar a pensar a geometria como um jogo entre *o mundo visual e o mundo tátil*. Começaremos pelo primeiro e deixaremos a segunda parte, relacionada à confecção, para os próximos capítulos.

Qualquer desenho na tentativa de reproduzir o objeto que está sendo observado é um jogo com simultâneas aproximações. Uma viga no teto pode ser representada por algumas linhas e, por mais que se desenhe em perspectiva, o resultado desse desenho continua sendo uma aproximação. Se for uma sala e tiver uma coluna saindo do chão, teremos uma estrutura de dois planos paralelos, um representando o chão e outro, o teto, e os segmentos de retas representando a coluna e a viga que poderão ser perpendiculares ou reversas. O fato de elas serem desenhadas em perspectiva ou em um esboço bidimensional, ou ainda de um modo mais abstrato com linhas e planos, não interfere na qualidade para o pensamento geométrico. Isso tem de ficar claro para o aluno.

O desenho de um triângulo pode representar várias relações geométricas. Pode ser uma simplificação de uma tábua triangular. Também pode representar a relação espacial entre três corpos celestes, como Terra, Lua e Sol. A trajetória de um corpo deslocando-se para três pontos distintos pode ser ainda mais um exemplo. Isso não significa que toda a figura geométrica precisa estar sempre associada a objetos reais. Faz parte do estudo de geometria trabalhar também com as estruturas abstratas. O que não é possível é o aluno não ter noção da construção desse *processo de representação*. Um processo que o ajuda a abstrair e é fundamental para a aprendizagem dos conceitos matemáticos. Portanto, para facilitar a visualização das formas geométricas construídas pelas projeções das peças, podemos substituir as projeções dos movimentos *por linhas* com o objetivo de representar *apenas as estruturas*, tanto dos movimentos das peças quanto das formas produzidas por essas projeções. A seguir, temos a simplificação da estrutura de um retângulo formado por duas torres nas casas C2 e F6. Os vértices desse retângulo são formados por essas duas casas e por mais duas, C6 e F2, que são as intersecções das projeções dessas peças.

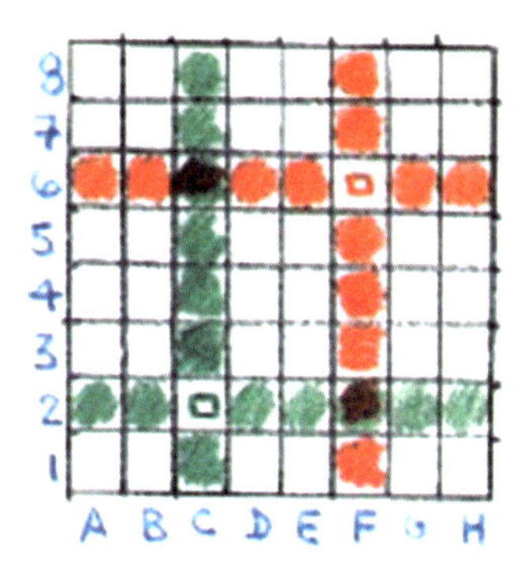

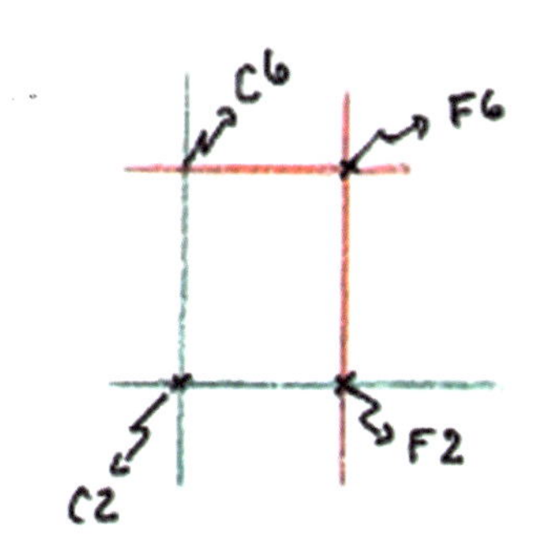

Assim, podemos construir muitas atividades para desenvolvermos a habilidade visual e lógica das construções e das *estruturas* das figuras geométricas com base nas projeções das peças do jogo de xadrez sobre um tabuleiro. Com as estruturas podemos visualizar e construir vários polígonos. Por exemplo, na estrutura a seguir, ao lado do tabuleiro, são escolhidas as casas C7, K4, K7 e F4. As duas primeiras são, respectivamente, a posição da rainha e da torre, enquanto as duas últimas são as intersecções que ocorrem nas projeções dessas duas peças.Uma das figuras a ser visualizada e pintada é o trapézio, como indica o desenho a seguir.

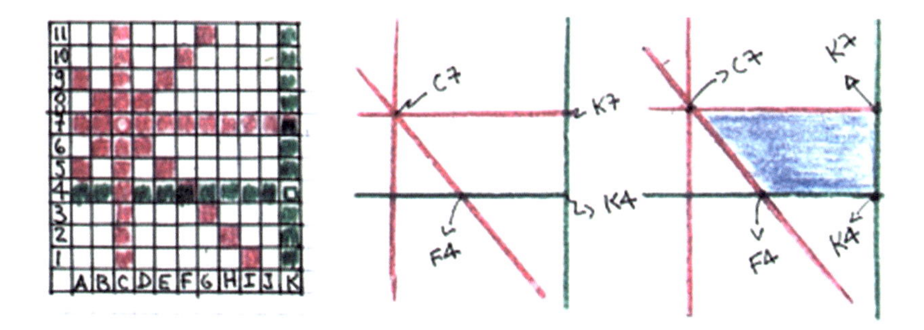

A simplificação das projeções dos movimentos das peças em *linhas* propicia várias experiências geométricas sobre o plano que, no nosso caso, é o tabuleiro. As peças ao serem movimentadas, alteram as suas projeções. Para continuar essas ilustrações, vou colocar aleatoriamente sobre um tabuleiro, de 15 colunas e 13 linhas, uma rainha azul, uma torre verde e um bispo vermelho, respectivamente representados por um círculo, um retângulo e um triângulo. No desenho em que as projeções são simplificadas por linhas, localizamos tanto as casas ocupadas pelas peças como as casas que sofrem intersecção das projeções.

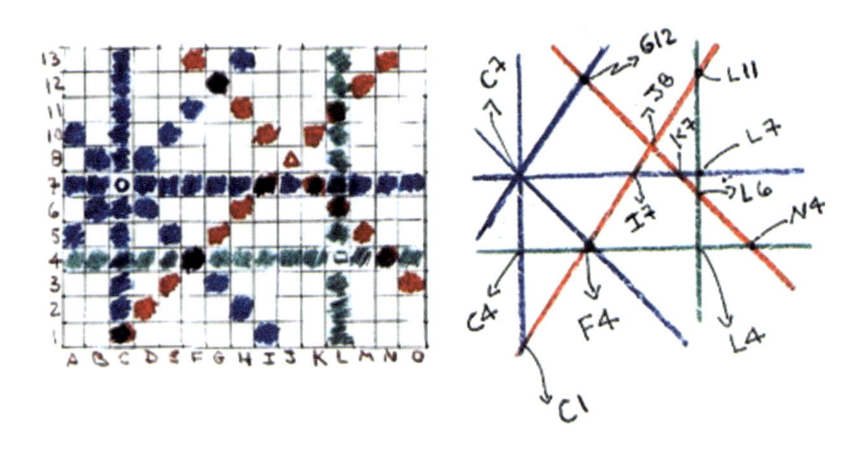

Iremos perceber que esse tipo de experiência é muito mais que uma simplificação. É um exercício geométrico que exige várias relações lógicas estimuladas de forma bastante interativa. Se as duas retas vermelhas são perpendiculares e uma outra reta qualquer for perpendicular a uma das retas vermelhas esta será, obrigatoriamente, paralela à outra. Essa é uma das relações que podem ser extraídas desse tipo de atividade.

Exercitar visualmente a construção de figuras geométricas formadas pelas projeções das peças do jogo de xadrez sobre um tabuleiro, ou malha quadriculada, conduz a observações e questões importantes relacionadas com a lógica geométrica. E uma delas é o caso das projeções de *algumas diagonais em que não ocorrem intersecções,* mas que produzem formas sobre o tabuleiro.

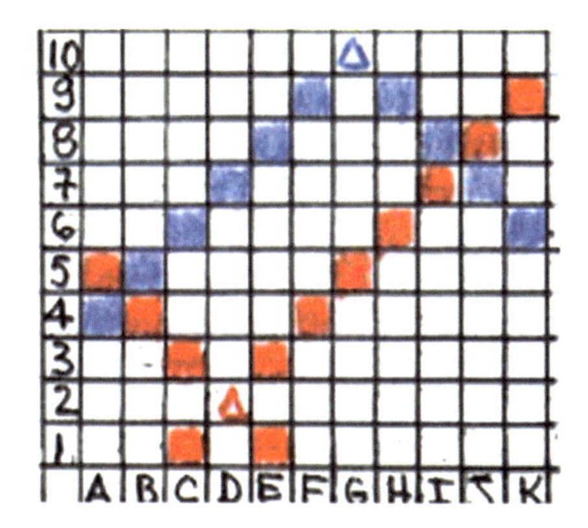

Na ilustração acima, *as projeções das casas possíveis de serem ocupadas pelo bispo (em azul) não produzem intersecções com as do outro bispo (em vermelho)*. Mesmo assim, visualmente, formam um retângulo no centro do tabuleiro. Esse tipo de experiência sobre o tabuleiro propicia uma análise de como as figuras geométricas podem ser formadas. Nem sempre há intersecções. Vigas e colunas em uma garagem formam *visualmente* retângulos e quadrados, dependendo de onde observamos, sem necessariamente haver intersecções entre elas. Outro exemplo, se dobrarmos um pedaço de arame em várias partes não deixando que os pontos de dobra fiquem no mesmo plano, e observarmos de vários pontos de vista, poderemos ver algumas figuras formadas por linhas sem que haja intersecções. Para ilustrar, utilizo esse exemplo do pedaço de arame com três dobras, sendo que uma está no plano H e duas no plano E. Se a estrutura do arame for vista de forma que o plano H *coincida* com E veremos um triângulo com vértices A, B e C.

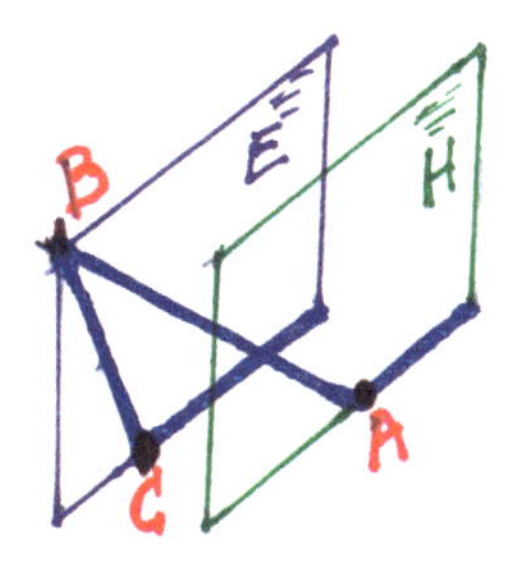

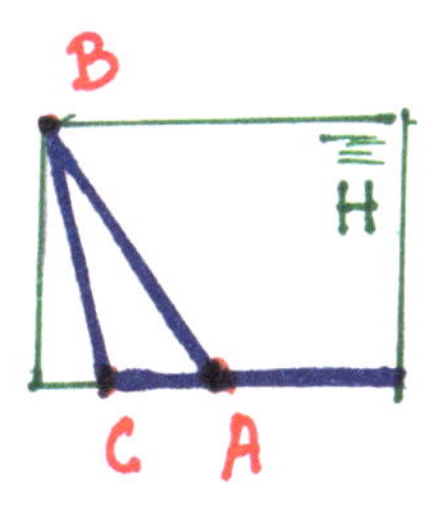

Partindo dessa ideia podemos usar as projeções das peças sobre o tabuleiro para *brincar de extrair figuras geométricas formadas também por esses tipos de projeções.* Uma forma de estudar a geometria do plano com noções da geometria projetiva.

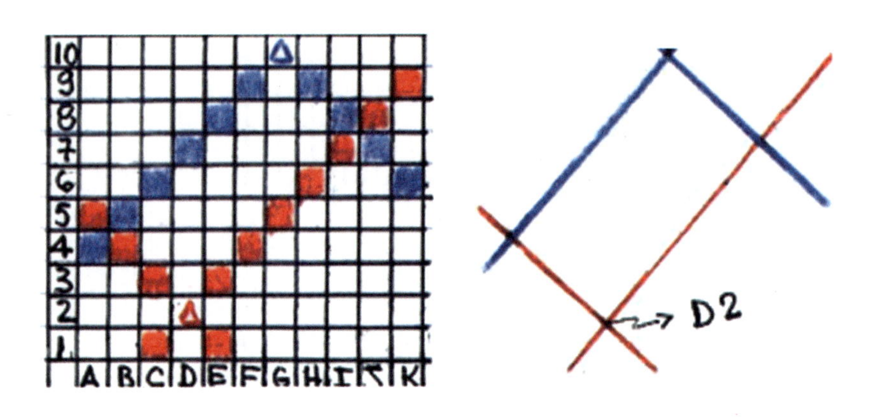

Além do estudo desses dois tipos de projeções, com e sem intersecção, na construção dos polígonos, podemos *também estudar* as projeções que saem do tabuleiro. Para isso, vamos representá-las por linhas pontilhadas e imaginar tabuleiros cada vez mais ampliados. Essas novas projeções passam a ser um exercício para desenvolvermos a ideia de *infinito*.

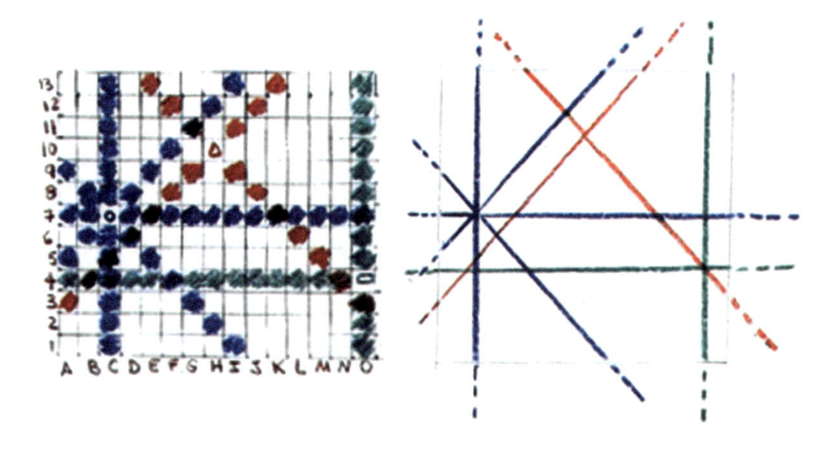

Imaginar é uma ação que precisa ser estimulada com atividades. Ela não se desenvolve espontaneamente, apesar de ser uma dimensão humana presente em várias situações e contextos. Se, por acaso, um dia descobrirmos que é impossível entendê-la, no mínimo deveremos construir formas e métodos para expressá-la em sala de aula. Imaginar o prolongamento das projeções e as possíveis intersecções fora do tabuleiro é uma experiência que permite muitas variações. O deslocamento das mesmas peças, no mesmo tabuleiro, produz novas estruturas geométricas. Na estrutura geométrica da figura anterior houve um deslocamento da torre da casa L4 para a casa O4 e do bispo da J8 para a H10. O que acontecerá? Quais as novas intersecções fora e dentro do tabuleiro? Nesses deslocamentos, as retas perpendiculares e paralelas deslizam sobre o tabuleiro. O tabuleiro com as projeções parece um *tipo de instrumento* que permite construir estruturas geométricas sem a régua e o esquadro.

Das seis peças do jogo de xadrez – peão, cavalo, rei, bispo, rainha e torre –, as três últimas são as que permitem as construções para esse tipo de atividade. O jogo de xadrez como um instrumento para experiências geométricas tem limitações. Ele é apenas mais um recurso. E como todo recurso temos de investigá-lo e explorá-lo para estabelecermos as melhores relações que podem ser construídas com o conteúdo. Essas análises sobre as projeções dos movimentos das peças do jogo de xadrez foram fundamentais para uma relação diferenciada com o conteúdo de Matemática e para a construção de uma nova visão curricular. Cada experiência realizada com a perspectiva de aproximar o conteúdo de Matemática dos elementos do jogo de xadrez estimulou ações e reflexões fundamentais para a minha formação como professor de Matemática.

6. A introdução das regras matemáticas no jogo de xadrez

A dificuldade dos alunos de assimilarem as regras matemáticas é um dos problemas mais identificados pela escola. Uma prática escolar antiga de impor sempre uma mesma quantidade de conteúdo que piora ainda mais as distorções da aprendizagem. Os alunos acabam não tendo oportunidade de *experimentar* ações diferenciadas que ajudem na assimilação por meio de formas mais interativas e divertidas. As experiências geométricas com o jogo de xadrez indicaram que podem existir essas relações entre o jogo de xadrez e o conteúdo de Matemática. Relações que estimulem as ações de imaginar, criar e improvisar. Ações que na maioria das vezes são excluídas das experiências escolares.

Estimular esse tipo de ação é muito mais que melhorar a qualidade da aula, é lutar contra o irracional excesso de informações que ocupa o espaço das reflexões – uma consequência desastrosa, que atinge alunos e professores. Assim, as primeiras experiências geométricas, já descritas, estabeleceram *conexões* entre os conceitos geométricos e as regras dos movimentos das peças, possibilitando problemas sobre posição, projeção do movimento, deslocamento e trajetória com cada uma delas. Permitiram que as *representações* sobre retas paralelas, perpendiculares e concorrentes, e a formação de polígonos pudessem ser discutidas simultaneamente com as regras que definem o movimento do bispo, da torre e da rainha sobre o tabuleiro do jogo de xadrez. São resultados de experiências matemáticas que nascem do universo do jogo. O problema de como aprender as regras matemáticas passa a ter uma proposta mais divertida do que a simples memorização.

O trabalho de introduzir o jogo de xadrez em sala de aula permitiu variações que não se limitaram apenas a um único campo do desenvolvimento da Matemática. As experiências de pintar as casas conduziram a outros tipos de geometrias que não ficaram restritas apenas ao campo lógico e dedutivo. De um momento para o outro, como se fosse de uma aula para outra ou de um jogo para o outro, surgiu a ideia de calcular a área da superfície pintada das projeções dos movimentos das peças. Uma ideia que teve como consequência a introdução de outras *regras Matemáticas* no jogo de xadrez, agora relacionadas ao conteúdo sobre grandezas e medidas, possibilitando uma variedade de atividades.

A introdução da definição Matemática para o cálculo da área foi semelhante à introdução de qualquer outra regra do jogo. Da mesma forma que foi definido que *um bispo sempre se desloca pela diagonal do tabuleiro*, a definição Matemática de que um quadrado de *1 centímetro de lado ocupa a área de um centímetro quadrado* começou a fazer parte do jogo. Foram várias experiências com todas as peças do jogo.

Vou começar com a rainha em um tabuleiro quadrado com oito centímetros de lado e com 64 casas quadradas. Ela é colocada em uma das casas do tabuleiro. Pinta-se de vermelho a projeção do movimento das possíveis casas a serem ocupadas por ela a partir dessa posição inicial. Logo a seguir, construímos a pergunta: qual é o valor da área pintada de vermelho nesse tabuleiro quadrado de 8 cm de lado?

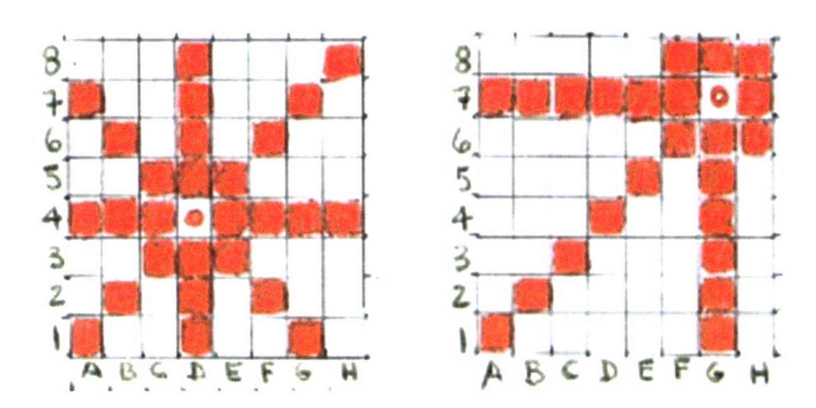

Os alunos usam a regra de que cada casa desse tabuleiro, de 1 centímetro de lado, ocupa a área de *1 centímetro quadrado.* Com essa informação, a pergunta do problema deve estimular os alunos a *contarem o número de casas pintadas,* que na figura acima à esquerda são 27 e, portanto, a *área vermelha é igual a 27 centímetros quadrados.* O importante dessa experiência é que a área é calculada *com base no processo de contagem.* É um problema que possibilita outras variações no resultado, conforme a posição da peça. Se deslocarmos a rainha da casa D4 para G7, como ilustrado na figura acima à direita, repetindo o mesmo procedimento anterior de pintar as casas, verificaremos essa variação. É uma experiência visual que estimula o processo de contagem.

Assim, com a rainha na G7 passam a existir 23 casas ameaçadas por essa peça e uma área vermelha, desde que seja pintada, de 23 centímetros quadrados. E se cada casa ocupasse 4 centímetros quadrados, qual seria a área vermelha? Para esse caso, a resposta não seria mais 23, mas 72 centímetros quadrados. O cálculo da área vermelha não fica só em função *do número de casas* possíveis de serem ocupadas pela rainha, partindo de uma posição escolhida pelo aluno ou professor, mas também em função do *tamanho das casas* do tabuleiro em que se desloca. Duas variáveis que constroem *uma interface entre a regra do jogo e as regras Matemáticas.*

Outro aspecto a ser explorado é o estímulo à descoberta de regras Matemáticas com base na observação. Os deslocamentos das peças com as respectivas projeções sendo pintadas estimulam esse tipo de exercício. Vou recorrer a dois exemplos simples, mas que ainda causam surpresa entre os alunos. Em um tabuleiro vazio de 64 casas a torre sempre ameaçará 14 casas, enquanto o bispo terá uma variação, de 2 em 2, entre o mínimo de 7 casas e o máximo de 13 casas ameaçadas. Para demonstrar, utilizo dois tabuleiros conforme a ilustração a seguir, um para experiência com o bispo e outro para a torre.

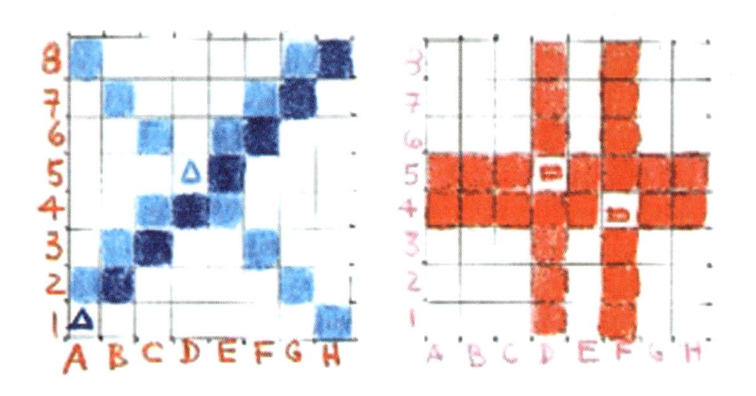

O bispo representado por triângulo é colocado na casa A1 e D5 enquanto a torre, representada por retângulo, é colocada na casa D5 e na F4

Essa experiência mostra que apesar da torre conservar o número de casas ameaçadas ou a respectiva área pintada a forma da figura construída pelas casas pintadas sofre variação. Já no caso do bispo há alteração tanto no número de casas como na forma.

Outro desdobramento importante está relacionado à construção de figuras geométricas por composição. As projeções dos movimentos diferenciados ajudam a construir várias figuras geométricas para o estudo da forma e da área.

É mais uma experiência que contém procedimentos importantes para o desenvolvimento do pensamento geométrico. A seguir, exemplifico uma dessas experiências colocando uma torre (retângulo), um bispo (triângulo) e uma rainha (círculo) sobre o mesmo tabuleiro e utilizando uma única cor para a projeção dessas peças.

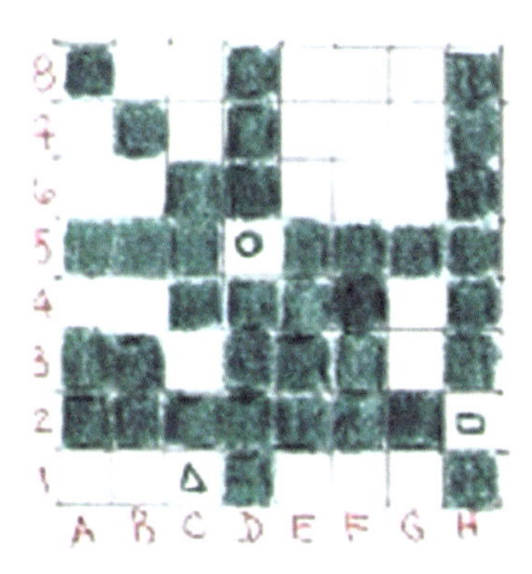

O objetivo maior da experiência é brincar com a variedade de formas geométricas produzidas sobre um tabuleiro com os deslocamentos das peças. Nesses deslocamentos, com as respectivas projeções, são produzidas formas irregulares e descontínuas.

A variação das formas em função do deslocamento das peças junto com o desafio de calcular a área dessas figuras provocam a necessidade da construção de *regras para facilitar e agilizar os cálculos.* Aprender a regra para calcular a área do retângulo é o primeiro passo. Ela serve de lastro para a dedução de outras regras para o cálculo de área de outras figuras geométricas porque permite derivações quando aplicada simultaneamente com as estratégias de composições e decomposições de figuras. Para o objetivo do cálculo de áreas, o retângulo pode ser interpretado como um padrão geométrico. Alguns tipos de peças, no caso as torres e os bispos, ajudam a visualização desse tipo de padrão.

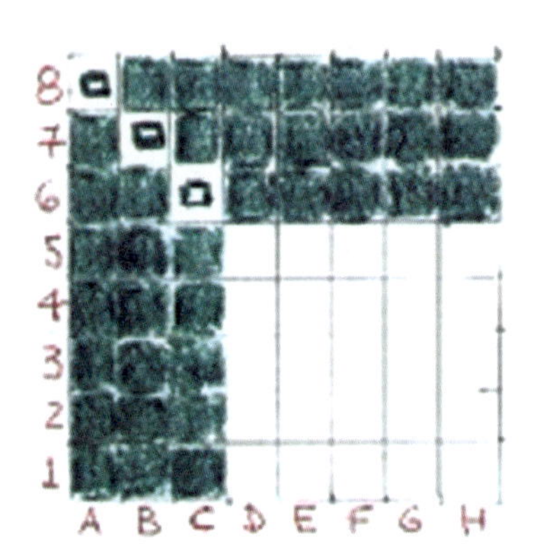

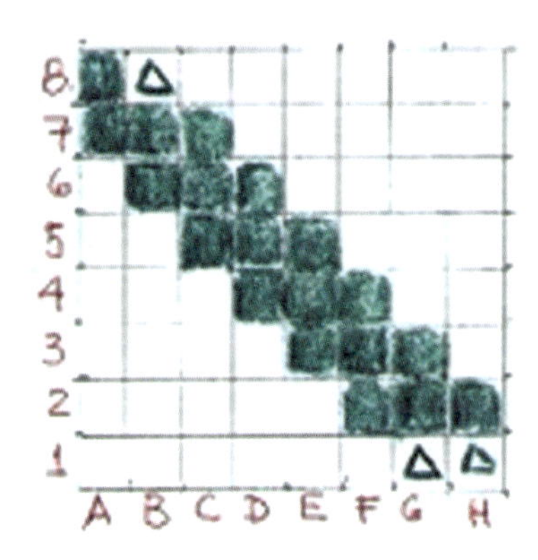

Para facilitar ainda mais a interpretação da regra de cálculo do retângulo e sua introdução como um padrão geométrico, podem ser feitos cortes e recortes nas próprias figuras formadas sobre o tabuleiro com lápis de cor diferente do que foi usado para pintar as casas. Um novo exercício de composição e decomposição.

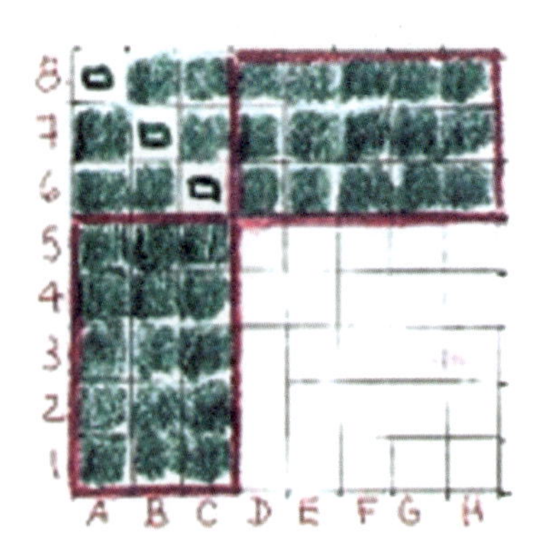

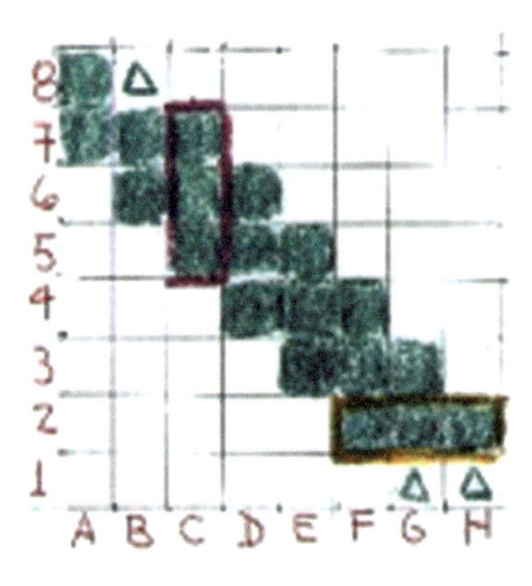

Cada recorte mostra que para calcular a área de um retângulo podemos multiplicar seu comprimento por sua largura. O procedimento anterior de contar as casas serve de verificação da regra e da eficiência de sua generalização. Essa regra é experimentada e não apenas memorizada.

As regras dos movimentos de outras peças podem também ser usadas para esse tipo de experiência. Além disso, outras iniciativas que não estão diretamente associadas às regras do jogo de xadrez podem ser introduzidas para mostrar as conexões entre os elementos do jogo e o mundo. As experiências geométricas no jogo de xadrez servem de recurso para iniciar o aluno no pensamento e no universo geométrico. Dessa forma, a atividade para o cálculo da área de contato entre a mão e o tabuleiro é tão importante quanto todas as outras atividades e experimentos feitos anteriormente.

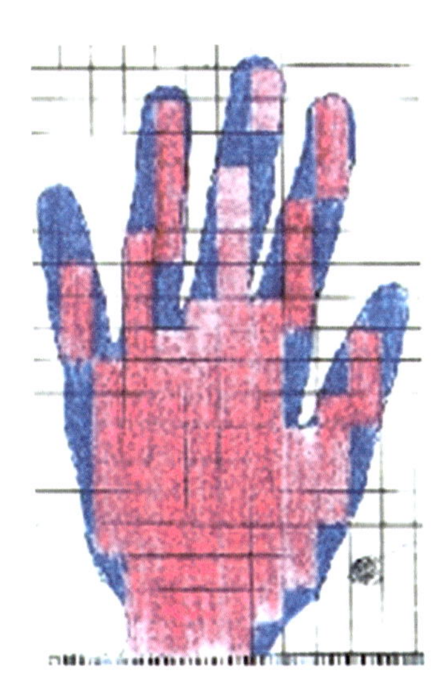

A ilustração do início deste capítulo é um dos melhores exemplos para entendermos as novas formas de abordarmos as regras Matemáticas utilizando o jogo como recurso. Todas as experiências anteriores fornecem elementos e informações que facilitam a experiência de um aluno colocar a mão sobre a malha quadriculada do tabuleiro e calcular a área da superfície da palma da mão. É fascinante. É como se a mão também fosse uma peça do jogo. Uma peça que também tem uma projeção de casas possíveis de serem ocupadas. Só que a projeção é *determinada pelo contato e não por uma regra de movimento*. Poderiam ser outros objetos, se é que posso chamar a mão de um objeto.

Comparar a área formada pela torre, pelo bispo e pela rainha que pintamos de verde com a área da palma da mão ajuda a discutir melhor o conceito de superfície, área e as regras de cálculo. As projeções das peças não fracionam os quadrados das malhas, mas formam superfícies descontínuas com *buracos*. Já no caso da mão a superfície é contínua, mas muitos quadrados da malha não são preenchidos. Nesse caso, são usadas duas cores para facilitar a contagem. Uma para os quadrados que podem ser pintados por completo e outra para os que ficam fracionados. Estimula-se, desse modo, o procedimento do cálculo por estimativa à medida que os alunos buscam alternativas de visualizar as partes fracionadas que podem compor um quadrado por inteiro. Além da estimativa exigem-se análise e organização.

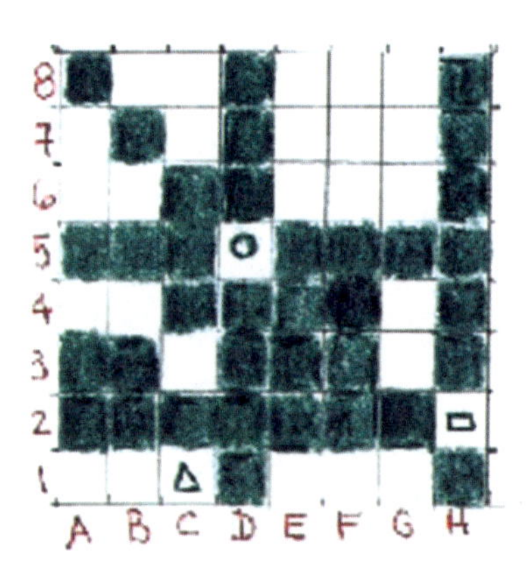

Área formada pelas projeções da torre, bispo e rainha

7. Para repensar as formas de ensinar regras matemáticas

Essas experiências, muito mais do que introduzir regras matemáticas no jogo, serviram de recurso para avaliar como as regras matemáticas devem ser ensinadas. As ações que definimos em sala de aula para abordarmos um problema definem a qualidade de sua construção e solução. Nessa qualidade, há muitas variáveis discutidas na Educação Matemática. Aquelas as quais vou me restringir a discutir, e são parte integrante desse trabalho, são as experiências que não se fecham a um campo específico da Matemática. Experiências que mostram para os alunos que uma regra matemática pode tanto resolver um problema prático quanto servir apenas para o prazer estético. São dois tipos de experiências, com qualidades bem diferenciadas e contidas no desenvolvimento do conhecimento matemático, que podem estar presentes simultaneamente em sala de aula. Por que um problema prático tem de excluir um problema estético?

Na experiência de desenhar um tabuleiro do jogo de xadrez, no caderno, podem ser explorados ambos os problemas. Podemos desenhá-lo à mão livre ou com uma régua. Nos dois casos, nas duas experiências, os alunos têm a informação de que o tabuleiro é um quadrado com 64 casas quadradas. Desenhá-lo à mão livre implica a escolha de uma medida qualquer e o desafio de descobrir o melhor procedimento para a construção do tabuleiro.

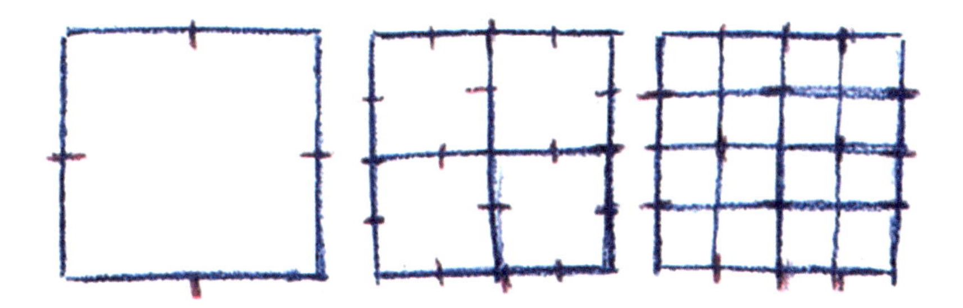

A descoberta dessa experiência é que dividindo os lados do quadrado na metade, por meio de duas retas perpendiculares, quadruplicamos o número de quadrados. Uma regra que pode ser repetida várias vezes em cada quadrado já desenhado. É uma progressão geométrica e *um jogo estético que* ajuda a construir o tabuleiro.

Essa experiência estética poderia ser feita de forma isolada. No entanto, a regra de que o número de casas de uma malha quadriculada é o resultado da multiplicação do número de linhas pelo número de colunas pode também ser verificada com esse tipo de experiência.

Desenhar uma malha quadriculada à mão livre e com a régua são experiências complementares. São dois procedimentos que permitem a construção de vários problemas. Um deles, que serve de bom exemplo, é pedir para os alunos construírem um tabuleiro retangular com 12 casas quadradas, cada uma obrigatoriamente com 1 centímetro de lado. O procedimento de usar as letras para indicar as colunas e os números para as linhas deve ser mantido para auxiliar a solução. São seis respostas para um único problema.

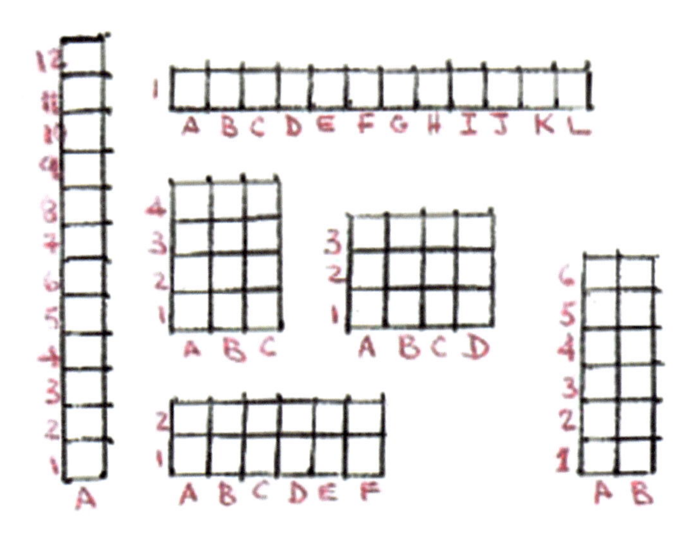

Continuarei analisando essa nova forma de ensinar as regras Matemáticas, explorando ainda as regras dos movimentos das peças. A projeção das casas possíveis de serem ocupadas pode também ser interpretada como *as casas ameaçadas pela peça*. Assim, em todos os problemas teremos sempre *a casa ocupada por uma peça e as casas que são por elas ameaçadas*. Duas definições elaboradas durante as experiências com o jogo que podem contribuir ainda mais para a construção de problemas geométricos.

Na construção de figuras geométricas, sobre o tabuleiro, podemos pintar tanto as casas ocupadas quanto as que são ameaçadas. Para ilustrar utilizarei o movimento do rei, que tem o mesmo grau de liberdade da rainha, em relação à direção e ao sentido, mas com a restrição de poder ser deslocado somente uma casa em cada jogada. Na figura a seguir, com o rei na casa E5 em um tabuleiro vazio, podemos considerar duas situações: a primeira só para as casas ameaçadas e uma segunda incluindo também a casa ocupada. No primeiro caso, pintamos de vermelho e obtemos um anel quadrado com o rei ocupando seu centro. Já no segundo, pintamos de verde, tendo como resultado um quadrado. Poderia ser outra figura dependendo do número de peças e, claro, da regra do movimento ou projeção de cada uma.

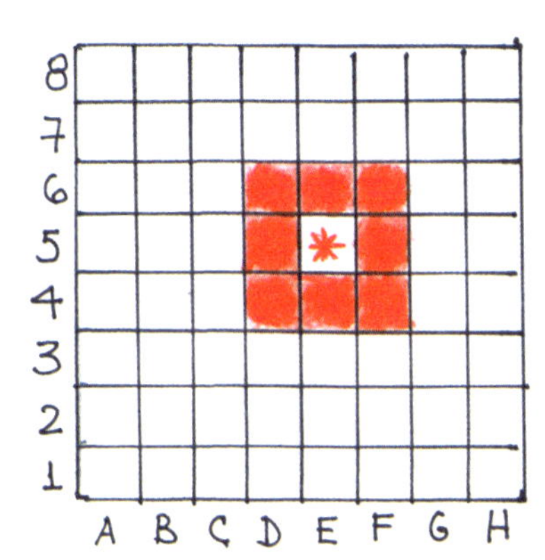

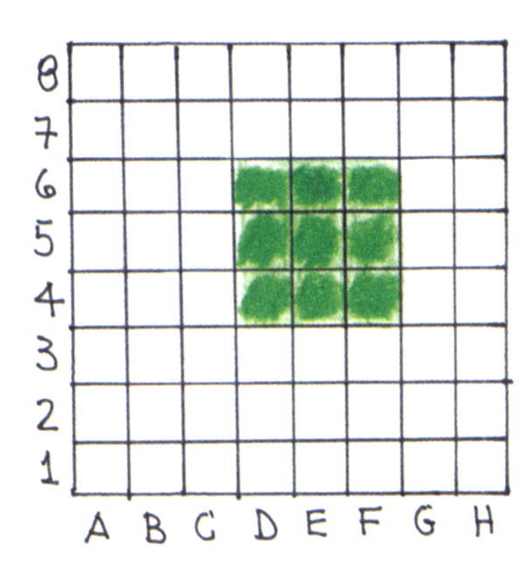

Nessas experiências, além de calcularmos a área de cada figura que foi pintada, podemos explorar também o cálculo da área não pintada. Com esse procedimento, de pintarmos as casas ocupadas e ameaçadas com a mesma cor, podemos construir novos problemas retomando todas as atividades e experiências feitas anteriormente. Dessa vez mostrando apenas o *formato das figuras, sem mostrar as peças e o modo pelo qual foram produzidas*, desafiando os alunos a descobrirem quais são as peças e onde elas estão posicionadas. A seguir são apresentadas duas figuras que foram produzidas com esse objetivo. Na figura da esquerda foram colocadas duas torres, uma na A1 e outra na B2, e dois bispos, sendo que um na H1 e outro na B8. A figura da direita é construída por uma rainha na C6 e uma torre na F5.

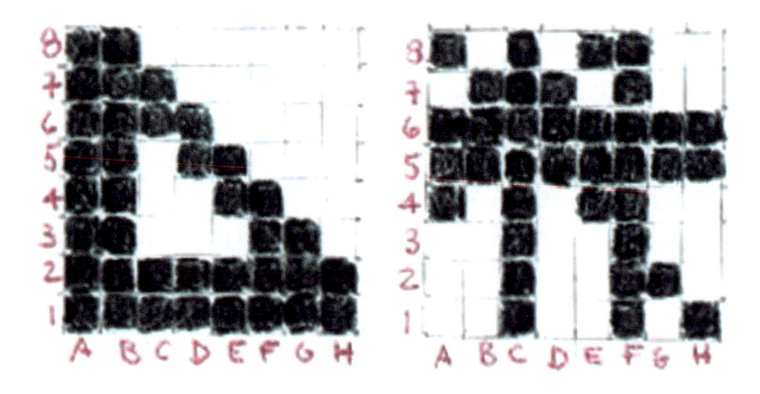

São quebra-cabeças que podem ser inseridos na sala de aula ao mesmo tempo com outras questões, já discutidas, formando uma sequência de perguntas. Quais as peças que podem formar essas figuras? Onde estão posicionadas? Quais as casas comuns nas projeções de cada peça? Qual é a área pintada e não pintada? São perguntas e problemas que não induzem a exercícios mecânicos. Eles ficam em função de como as figuras são formadas sobre o tabuleiro. A princípio parecem bem simples por não envolverem muitas casas, no entanto, exigem *a mobilização de várias ações cognitivas* de forma simultânea: observar as posições das peças quando estão explícitas ou *imaginá-las* quando estão escondidas, lembrar as regras dos movimentos, analisar as intersecções das projeções, pintar e riscar para definir visualmente a superfície e a área, perceber a necessidade de uma definição e de uma regra Matemática para o cálculo da área e, por fim, discernir se se deve contar, somar, subtrair ou multiplicar.

Por exemplo, no caso do rei calculamos a área ameaçada e ocupada por ele na casa E5 com a operação da multiplicação. Ela surge como um recurso mais rápido, mas em nenhum momento os processos de contar, somar e subtrair são excluídos das estratégias de cálculo. Tudo depende das formas das figuras. Todo esse conjunto de ações aqui exigidas desenvolve relações para uma rede conceitual e procedimental para a resolução de problemas. As derivações são numerosas e todas as regras *dos movimentos das peças são assimiladas simultaneamente com as outras regras Matemáticas introduzidas nas experiências*. A relação entre os dois tipos de regras é o que definirá toda a produção das atividades do jogo de xadrez como um laboratório e instrumento para experiências geométricas.

Em todas essas experiências, a forma de introduzir uma regra Matemática e os modos de explorá-la foram os aspectos que mostraram que um currículo de Matemática não pode ser estabelecido segundo a quantidade de regras. O que tem de ser relevante é a qualidade dos problemas para introduzi-las com significado.

O conceito do que é uma fração é um dos mais fundamentais. É uma das primeiras derivações e aplicações de um conceito ainda mais importante, que é o da razão. A forma de introduzi-lo em sala de aula pode estimular ou intimidar um aluno ao entendimento desse conceito. As experiências geométricas do jogo de xadrez são bons recursos visuais para melhorar essa prática.

Vamos a mais uma exemplificação. Uma torre marrom, representada por um retângulo, e um rei verde, representado pela letra R, são postos sobre um tabuleiro como indica a figura. São pintadas apenas as casas ameaçadas por essas peças.

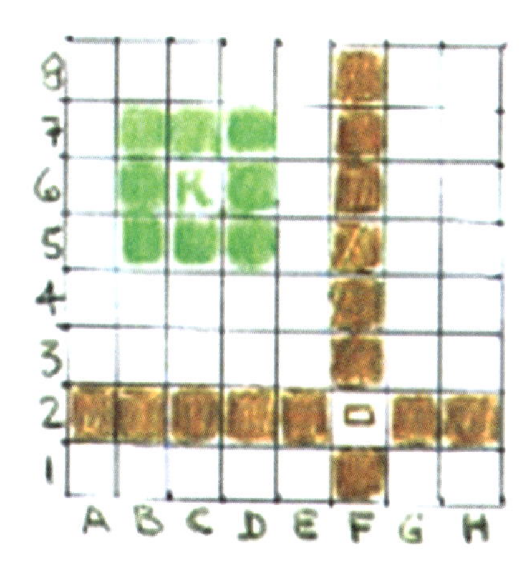

A representação da fração da área verde e da área marrom em relação ao tabuleiro obriga o aluno a contar o número de casas pintadas para cada situação e o número total de casas do tabuleiro. A razão entre a parte e o todo é introduzida, mostrando que a fração ocupada pela área marrom nesse tabuleiro é de 14/64 do tabuleiro, enquanto a da área verde é de 8/64.

O recorte do conteúdo não pode ficar em função de um conjunto de regras e das técnicas de resoluções. O erro dessa concepção sobre a Matemática, ainda hoje definida em muitas escolas, não está em ensinar regras Matemáticas, já que essas fazem parte da história da Matemática, mas sim em desconsiderá-las como uma consequência direta das experiências humanas.

O método de calcular a área pintada sobre o tabuleiro é semelhante para outros tipos de superfície. Elas podem ser regulares ou irregulares, contínuas ou descontínuas, e as unidades de área podem estar tanto em função de um quadrado com um centímetro de lado como de 1 metro ou 1 quilômetro. Não importa. O princípio é o mesmo e pode ser transposto para a sala de aula com o jogo de xadrez. As experiências geométricas com esse jogo se transformaram lentamente em uma ferramenta de transposição de várias experiências matemáticas.

Outro conceito fundamental da Matemática é o de proporção e pode ser experimentado com a ampliação de algumas formas geométricas produzidas como resultado das projeções das possíveis casas a serem ocupadas por uma peça. Em um tabuleiro de 64 casas quadradas, cada uma com 1 centímetro de lado, é colocado um rei na casa E5 e são pintadas de verde tanto as casas ameaçadas quanto a que é ocupada pelo rei. Feito isso, constrói-se outro tabuleiro quadrado com o mesmo número de casas, mas com as medidas dobradas, tanto dos lados do tabuleiro quanto do das casas. É importante que o quadriculado com 1 centímetro de lado, feito anteriormente para o primeiro tabuleiro, seja também usado nessa ampliação. Ele servirá de estímulo visual para o entendimento dos desdobramentos geométricos da ampliação do quadrado. As 64 casas do tabuleiro maior são indicadas por linhas vermelhas e o rei é mantido na mesma casa em que se encontrava no tabuleiro menor, isto é, na casa E5.

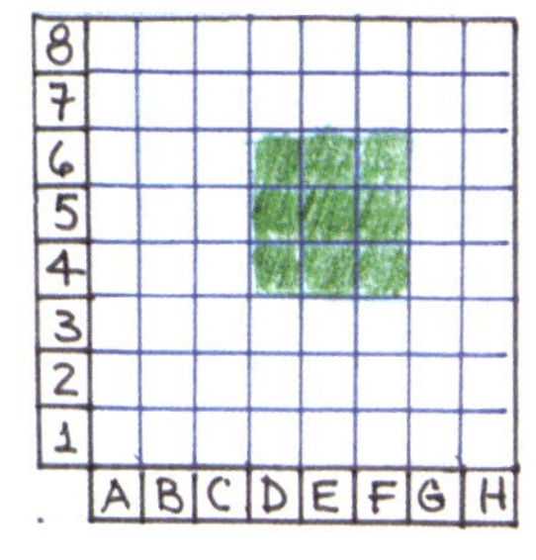

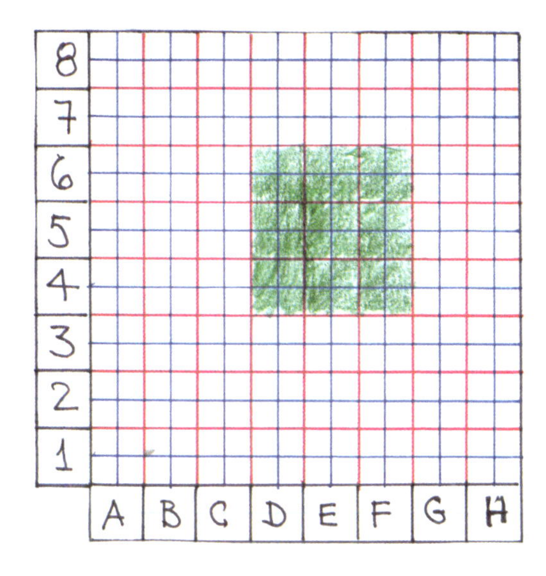

O quadrado verde do tabuleiro maior continua ocupando as casas D4, E4, F4, F5, E5, D5, D6, E6 e F6, e por comparação fica fácil mostrar que as medidas dos lados das casas dobraram enquanto a área quadruplicou. Uma experiência importante de ser feita, já que muitos alunos confundem bastante a aplicação dessa regra matemática na ampliação.

Para ilustrar, discute-se em sala de aula que o metro quadrado de uma região tem um certo preço. Pede-se para imaginar um terreno retangular nessa região. Se dobrarmos o comprimento e a largura desse terreno, o que acontece com o preço? A tendência de muitos alunos é responder que dobra, quando na verdade quadruplica. São alunos que podem saber fazer ampliações mas não experimentaram algumas observações sobre as consequências desse procedimento geométrico. Utilizar o tabuleiro e as formas das figuras geométricas, produzidas pela projeção das casas possíveis de serem ocupadas pelas peças, é um recurso com muitas possibilidades estéticas para estimular os alunos ao estudo dessa regra matemática de tão importante aplicação.

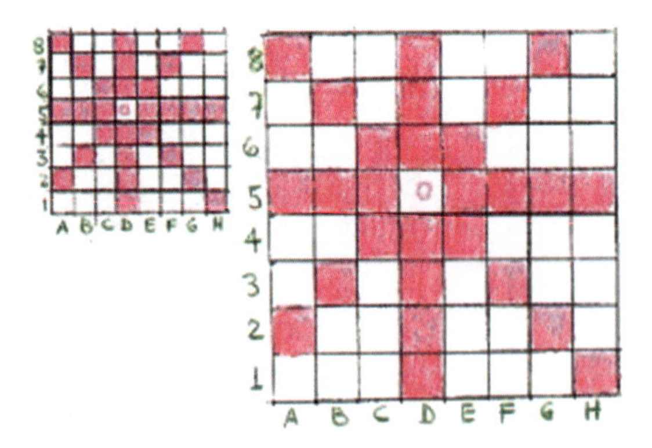

Experiência da ampliação com a projeção das casas ameaçadas por uma rainha na casa D5

8. Outras consequências da estética do movimento

As primeiras experiências geométricas, descritas neste capítulo, foram com os deslocamentos das peças de uma casa para outra e o estudo das possibilidades das trajetórias para cada uma delas. Para o caso da rainha, do bispo e da torre, durante os deslocamentos feitos sobre o tabuleiro, temos *variação* na quantidade de casas projetadas e no formato da figura pintada, resultado dessa projeção. No entanto, se fizermos a mesma experiência com o peão teremos resultados com consequências geométricas diferentes e interessantes a serem experimentadas pelos alunos. O peão desloca-se sempre em coluna no mesmo sentido. Ameaça em diagonal apenas as duas primeiras casas. Se o representarmos por um asterisco e pintarmos de azul as casas que ele ameaça teremos a representação a seguir.

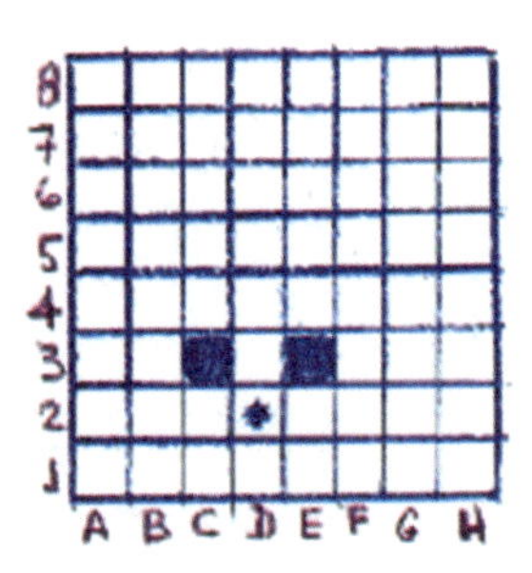

Figura 1: Casas ameaçadas pelo peão, na D2, pintadas de azul

O peão desloca-se uma casa de cada vez, ou duas quando ainda não foi deslocado. Vamos considerar para a nossa experiência a condição em que ele se desloque apenas uma casa de cada vez. Para cada deslocamento vamos representá-lo novamente pelo asterisco e pintar as casas como foi feito no último exemplo

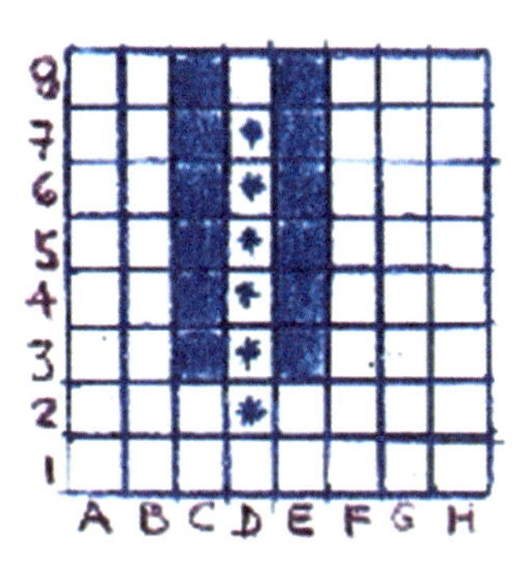

Figura 2: Casas ameaçadas pelo deslocamento do peão, da D2 até D7, pintadas de azul

Na figura acima, o resultado visual é construído com base em um padrão adotado anteriormente, na Figura 1, só que desta vez está em *função do movimento*. Esse resultado pode ser alterado mudando novamente a regra do movimento. Na figura abaixo, vamos considerar a regra que faz o peão se deslocar duas casas de cada vez.

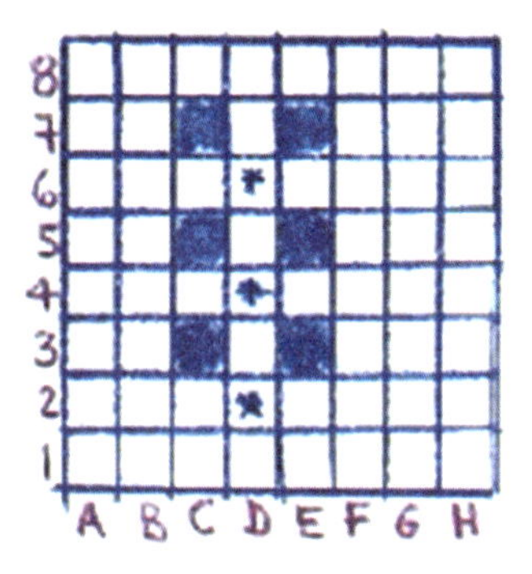

Podemos fazer isso em tabuleiros maiores com as mesmas regras já descritas ou com outras. O importante é que essa experiência estimule

os alunos a perceberem as *simetrias de translação* partindo-se de um padrão escolhido ou construído.

As mudanças das regras podem ser tanto em relação ao movimento das peças quanto em relação ao procedimento de construção do padrão. Uma das variações é pintar *tanto as casas ameaçadas quanto a casa ocupada* pela peça e experimentar, para esse caso do peão, três situações, respectivamente, com os deslocamentos de uma, duas e três casas de cada vez.

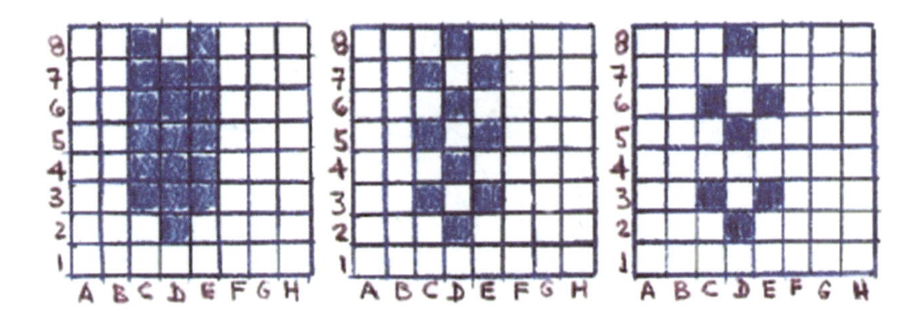

A visualização desse tipo de simetria é fundamental para o desenvolvimento do pensamento geométrico e sua estética. Da mesma forma, outras simetrias podem ser exploradas nas experiências geométricas já realizadas e descritas neste capítulo. A simetria da reflexão foi experimentada várias vezes no estudo das trajetórias dos deslocamentos das peças. Vamos observar três exemplos: as possíveis trajetórias da rainha da casa D5 para H8, da torre da C1 para G8 e do bispo da C1 para F8. Todas em apenas dois lances.

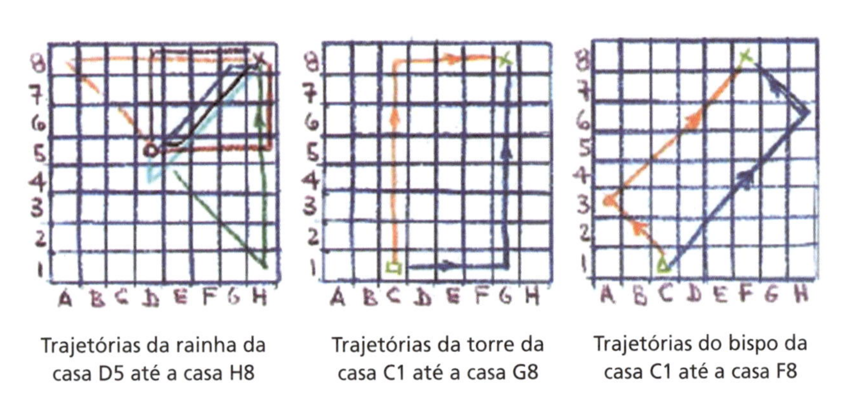

Trajetórias da rainha da casa D5 até a casa H8

Trajetórias da torre da casa C1 até a casa G8

Trajetórias do bispo da casa C1 até a casa F8

Há, nesse caso, sete caminhos para a rainha, enquanto para a torre e para o bispo há dois. Vou escolher as trajetórias da torre e do bispo e transformá-las em outro tipo de visualização. O recurso será o de pintar as casas percorridas e ocupadas por essas peças mostrando uma nova forma de construir figuras geométricas sobre o tabuleiro.

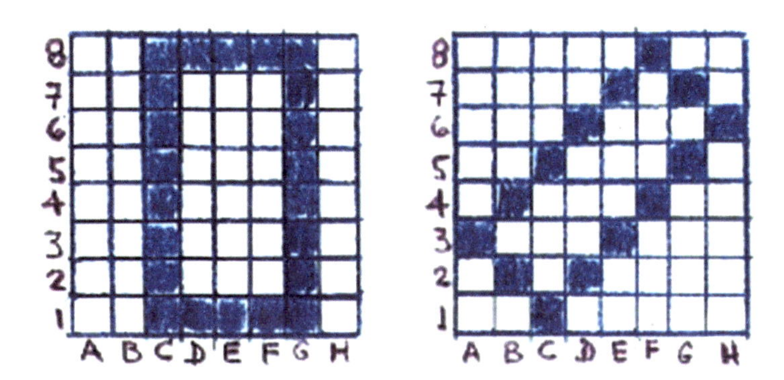

Casas pintadas de azul relacionadas, respectivamente, da esquerda para a direita, com as trajetórias da torre e do bispo

Até aqui, a projeção das casas possíveis de serem ocupadas tinha sido a nossa principal ferramenta para a produção das figuras. De agora em diante, *as casas que foram percorridas pelas peças* também entram no jogo de formar figuras. Quais os eixos de simetria para essas figuras formadas pelos movimentos da torre e do bispo? Essa pergunta é uma das consequências da estética do movimento das peças do jogo de xadrez sobre o tabuleiro.

9. Uma aula após a outra

Todas essas reflexões e atividades empregando experiências com o jogo de xadrez não foram desenvolvidas linear e sequencialmente. A confecção das peças e do tabuleiro, descritas no Capítulo 4, muitas vezes se antecipou às experiências das trajetórias e dos deslocamentos das peças.

Aprender inicialmente o jogo para depois explorar as relações Matemáticas foi também outra estratégia adotada para inseri-lo em sala de aula. Nesses momentos, recorri a um retroprojetor e cópias de transparências, tanto dos símbolos das peças quanto do tabuleiro. Essas transparências foram recortadas para permitir mobilidade de deslocamentos durante a *projeção*. A seguir, uma pequena amostra, respectivamente, dos recortes das peças colocadas sobre um tabuleiro.

Alguns desenhos de peças recortadas em acetato para serem projetadas

Problema proposto em sala de aula com retroprojetor. As peças desenhadas em recortes de acetato podem ser deslocadas

Trata-se de mais um recurso visual e mais uma experiência didática para organizar uma sala de aula. A sala é dividida em grupos de quatro ou cinco alunos. A seguir, são apresentadas as regras dos movimentos das peças e com elas são construídos alguns *problemas lógicos*. Na ilustração acima, temos o rei preto, sua rainha e sua torre, respectivamente, nas casas B1, D2 e B5, enquanto o rei, a rainha, a torre e o bispo brancos estão na H8, D8, A8 e D5. Sendo a vez das pretas jogarem, qual a melhor sequência de jogadas? Os grupos são desafiados a apresentar oralmente uma solução para o problema. Aprender a *argumentar oralmente diante de um grupo, aprender a escutar e respeitar a opinião do colega, se concentrar diante de um proble-*

ma e se organizar para resolvê-lo foram os aspectos gerais importantes desencadeados por esse tipo de experiência em sala de aula.

Tal experiência permite derivações para outras *experiências construídas por enxadristas e matemáticos.*[9] Assim, temos o xadrez inventado por Thomas Dawson jogado sobre um tabuleiro de n x 3 (na figura a seguir é proposto n = 8). Além da mudança do formato do tabuleiro, só são utilizados os peões. Perde o jogador que ficar com as suas peças imobilizadas.

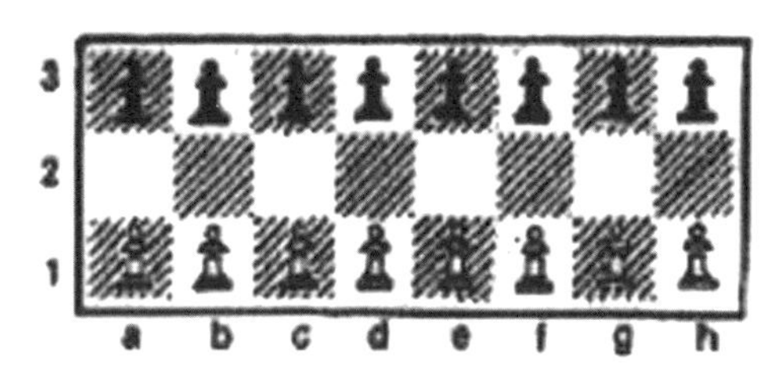

O xadrez de Thomas Dawson

Nessas experiências, os aspectos específicos ficam mais em função *da posição das peças e das estruturas lógicas dos problemas.* Dessa forma, todo o aprendizado do jogo de xadrez é construído com base nessa prática de recortar o jogo em problemas e em outros jogos que derivem dele. A posição inicial das peças, a regra do xeque e do xeque-mate, o roque e todos os outros detalhes são introduzidos por essa estratégia.

Um grupo contra outro, a sala contra o professor foram e são algumas das dinâmicas adotadas. E são bem divertidas. Tentar derrotar o professor é um dos desafios mais cobiçados pelos alunos. O desafio é a melhor didática que um professor pode ter, no entanto, ter recursos que amparem a qualidade *desse tipo de tensão educacional* na sala de aula é um problema bem complexo. O jogo de xadrez, uma aula após a outra, foi se transformando em um instrumento com potencial e

[9] Para obter um novo jogo de xadrez, basta, por exemplo, mudar o número de casas do tabuleiro para mais ou para menos. Para quem quer jogar uma partida durante um intervalo no trabalho, existe o minixadrez de Gardner, com um tabuleiro de 25 casas, o menor possível para abrigar todas as figuras de xadrez. (GUIK, 1989, p.64)

qualidade para propor esses desafios. A improvisação e as variações e inversões na ordem das sequências dos aspectos específicos e gerais, discutidos no Capítulo 2, são a melhor descoberta propiciada por esse tipo de trabalho. Todas as experiências descritas neste capítulo e outras que ainda serão abordadas nos próximos, 4 e 5, se relacionam formando uma *rede conceitual*, e jamais são tratadas de forma isolada. E podem ser introduzidas na sala de aula sem uma ordem específica. A escolha depende sempre do nível de conhecimento e de organização da turma.

10. Desmontando o jogo e construindo uma ferramenta

O objetivo inicial de desenvolver o pensamento lógico e dedutivo, utilizando o jogo de xadrez, produziu outros problemas além do tabuleiro e da lousa. O jogo de xadrez revelou-se um instrumento. Desmontá-lo em fragmentos, construindo problemas com os movimentos, com as regras Matemáticas e com as regras do jogo possibilitou a descoberta do uso desse jogo para construir novas relações internas no conteúdo de Matemática. Cada experiência geométrica permitiu recortes desse conteúdo e conexões entre eles. O todo e as partes do jogo de xadrez passaram a ser um instrumento e um laboratório para experiências geométricas. Experiências que, além de estimularem um conteúdo geométrico, propiciam vários tipos de ações importantes na formação de um aluno.

Por que os alunos desaprendem *a desenhar, pintar, improvisar e imaginar na aula de Matemática?* Basta perguntarmos para os professores de Matemática se desenhar e pintar são ações às quais eles recorrem para ensinar algum tipo de conceito. Essas ações possuem características bem diferentes das *ações mais racionais* do processo analítico, e estão contidas em outros processos definidos como *analógicos.*[10] Se uma aula de Matemática se limitar sempre a um mesmo

---

[10] A matematização analógica é por vezes fácil, pode ser efetuada rapidamente e pode usar nenhuma ou muito poucas das estruturas simbólicas abstratas da matemática escolar. Pode ser efetuada, até certo grau, por quase todos que operam

conjunto de ações, estará reduzindo as possibilidades de atuação que um aluno possa vir a ter em relação à própria Matemática.

O processo *analógico* é mais interativo e intuitivo para se abordar um problema e se contrapõe ao analítico, que é o mais usado pelas escolas e pelos livros didáticos. Mas é importante entendermos que os dois podem ser adotados na solução de um mesmo problema. Também pode acontecer de apenas um deles ser o único recurso de solução; no entanto, a experiência indica que o processo analógico está mais próximo da linguagem dos alunos do Ensino Fundamental. E as experiências com o jogo de xadrez possibilitam relações no conteúdo de Matemática com esses dois tipos de processos.

---

em um mundo com relações espaciais e de tecnologia diária. Embora por vezes possa ser fácil e não exigir quase nenhum esforço, por vezes pode ser difícil, como, por exemplo, tentar compreender a disposição e as relações entre as partes de uma máquina, ou tentar obter um sentimento intuitivo complexo. Os resultados podem ser traduzíveis não em palavras, mas em compreensão, intuição, ou sentimento. (DAVIS e HERSH, 1985, p.341)

A confecção é uma das consequências dessas experiências que mais estimula tais relações. Além disso, transforma o *conteúdo da Matemática em uma ferramenta* para confeccionar o jogo. Muitas crianças na escola pública não têm condições econômicas para adquirir um jogo de xadrez, e utilizar o conteúdo de Matemática para confeccioná-lo é mostrar o quanto esta pode ser útil para a vida deles. É uma experiência que produz vários tipos de problemas dos quais um deles tem relação direta com o material que será utilizado na confecção. O papelão de caixa de arquivo ou de bolacha foi o material de mais fácil acesso nas escolas. E com ele se estabeleceu um jogo permanente entre *as formas possíveis de utilizá-lo.*[11] Quantas faces deverão ser recortadas? Como deverá ser o acabamento? Um diálogo com informações Matemáticas sem excluir a criatividade e outras ações que são importantes para o desenvolvimento de qualquer aluno.

Assim, constrói-se uma nova relação com o jogo e com outros artefatos. Em vez de comprarmos, podemos confeccioná-los. Claro que sempre com as reflexões e críticas necessárias para que esse tipo de ação não exclua outras, como a das escolas ou mesmo do grupo de alunos adquirirem o jogo comprando-o em uma loja.

A confecção é mais uma experiência, como será mostrado no Capítulo 4, importante para ajudar a aprender geometria e não *apenas* para aprender a jogar xadrez. É uma experiência que proporciona a confecção de objetos que se deslocam sobre tabuleiros. São experiências que exploram as três dimensões se é que, em algum momento, escapamos dessa condição. É a construção de uma nova relação com outro tipo de

---

[11] Só principiando com o material bruto e submetendo-o a manipulações intencionais ele adquirirá a inteligência contida no material confeccionado. Na prática, a preferência exagerada pelo material já preparado conduz à predileção exagerada pelas propriedades matemáticas, por isso que à inteligência interessam as propriedades físicas do tamanho, forma e proporções das coisas, e as relações que derivam das mesmas. Mas essas propriedades apenas ficam sendo conhecidas quando sua percepção é o produto da atividade com desígnios que reclamem a atenção para elas. Quanto mais humano for o desígnio, ou quanto mais se aproximar dos fins providos de interesse da experiência quotidiana, mais real será o conhecimento. (DEWEY, 1959, p.218)

conteúdo que, no caso, é a geometria métrica, partindo do próprio jogo de xadrez. Uma relação que pode novamente construir intersecções com os resultados das experiências anteriores, possibilitando novas abordagens para esse conteúdo. Como um recurso para ensinar Matemática, é mais um desdobramento que permite novas relações com a forma e o movimento e, portanto, com a estética. Por que sempre o jogo de xadrez? Que jogo tem tantos movimentos para peças com formas tão diferentes?

Capítulo 4

O jogo de xadrez na sala de aula: ferramenta e artefato

1. Uma ferramenta produzindo uma nova ferramenta

Todo objeto confeccionado é um artefato. E, para confeccioná-lo, utilizamos ferramentas. Por sua vez, estas, as ferramentas, são outros tipos de artefatos que precisam ser confeccionadas. Quem nasceu primeiro? A ferramenta ou o artefato? Para obtermos a resposta é só olharmos para as nossas mãos. Com certeza, as mãos foram as nossas primeiras ferramentas. Uma afirmação no plural porque elas traduzem toda a *evolução do homem.*[1]

Uma tesoura comum é uma alavanca para nossos dedos e, bem afiada, permite que a pressão de suas lâminas corte papel, papelão e tecido. Manipular os objetos, confeccioná-los ou transformá-los sempre foi uma característica humana. Nela expressamos as dimensões mais relevantes da história do homem que é a adaptação e a inventividade. Do mais simples objeto confeccionado por um artesão até um outro mais complexo com técnicas industriais, temos pistas que nos informam a função do objeto e a sua história.[2] E, se não nos informam sobre esses dois aspectos, produzem questões: para que serve? Como foi feito?

O jogo de xadrez é um artefato antigo. Pesquisadores indicam o seu surgimento na Índia a partir de um jogo conhecido como *chaturanga.*[3] Representado por figuras como elefantes, cavalos, carruagens e soldados, indica que deve ter sido a primeira matriz do xadrez. E como todo artefato que possui significado foram feitas alterações sem mudar os traços mais importantes de sua invenção e de sua definição.

---

1 Aquilo que o liberta da fatalidade animal, da servidão do instinto, é a variedade das combinações permitidas pela sua estrutura física e mental. O seu cérebro, mais complicado e mais evoluído que o dos outros animais, abre rumos muito mais imprevistos e numerosos às possibilidades da acção, e a sua mão, cujo polegar se pode colocar em frente de outros dedos, transforma, para o seu próprio uso, em utensílios, cuja função varia até o infinito, a matéria que lhe resiste. (DUCASSÉ, s.d, p.9)

2 Com efeito, desde o início da evolução humana fizemos ferramentas e artefatos para atingir os nossos objetivos. As mais antigas das cavernas e aglomerações de resíduos primitivos, na África, mostram testemunhos fósseis do início da estrada que levou ao homem moderno. (BRONOWSKI, 1998, p.90)

3 Do livro Os melhores jogos do mundo, Editora Abril, 1978, temos: A maioria dos estudiosos acreditam que o xadrez se desenvolveu a partir de um jogo de guerra hindu, no século VII d.C. Esse jogo era denominado Chaturanga, palavra sânscrita que se refere aos quatro elementos dos exércitos na época: elefantes, cavalaria, carruagens e infantaria. (p.49-50)

Houve alterações nos formatos das peças, do tabuleiro e em uma parte das regras, no entanto, o jogo jamais se distanciou da sua estrutura inicial.[4]

Muitos jogos não possuem peças, mas somente um conjunto de regras, que se transformam em uma estrutura invisível quando o jogo ou o conflito se inicia. Às vezes é necessário somente papel e lápis, como são os casos do "jogo da velha" e da "batalha naval", já citados no capítulo 2. Já outros jogos, além das regras, são materialmente definidos por tabuleiros e peças, como é o caso do xadrez, das damas e do go. A reflexão e análise, neste capítulo e no 3, conduzem à confecção do jogo de xadrez que é composto por um conjunto de peças com formas bem variadas.

Optar pela confecção do jogo de xadrez em sala de aula é muito mais do que a materialização de um artefato que servirá de instrumento para desenvolver todos os experimentos já citados até aqui. É, principalmente, mais uma estratégia para mostrar e construir relações e conexões com o conteúdo de Matemática. O conteúdo de geometria utilizado em sua confecção se *transforma em mais uma ferramenta* para construir esse jogo além da tesoura, régua e transferidor. Os processos mais básicos da escultura somados a outros processos como o de medir, de calcular e de desenhar devem ajudar a compor a rede de ações que estimule novas abordagens do conteúdo de Matemática.

Assim, aprender a utilizar ou aplicar o conhecimento matemático na confecção de um artefato simples, como um jogo, é um recurso tão importante quanto os processos estimulados pela própria dinâmica do jogo. A ação de confeccioná-lo desenvolve vários aspectos importantes da aprendizagem. Não importa se já temos esse jogo na escola ou em casa. Além disso, existe a relação entre a técnica e o intelecto, entre o ato de fazer e o de pensar. Ações essas sempre presentes na confecção dos objetos e que ajudam a construir várias conexões com o conteúdo.

---

[4] Da Índia, o xadrez estendeu-se não apenas para o Oeste, até a Pérsia, a Arábia e desta até a Europa, mas abriu caminho para todos os países asiáticos a leste da Índia, embora, em algumas partes do Oriente, tenha sofrido tais modificações que não pode ser facilmente reconhecido como resultante do jogo indiano original. (LASKER, 1999, p.34)

A lei da correspondência é bem nítida no jogo de xadrez. Cada peça do jogo possui um *formato que corresponde a um movimento.* Assim, pode ser interpretado, diante de um ponto de vista, *como um jogo de correspondências.*[5] A nomeação de cada peça com o respectivo movimento, e as formas que irão representá-las, são jogos de correspondências que antecedem ao jogo. As formas tradicionais das peças podem ser substituídas pelo repertório das imagens das figuras geométricas, que cada aluno possui. O quadrado, triângulo, retângulo e o círculo são figuras já conhecidas, na quinta ou sexta série do Ensino Fundamental. Recortando-as e pintando-as, podem ser as primeiras ações da confecção do jogo de xadrez na sala de aula para representarem algumas das peças, como a torre, o bispo, a rainha e o rei. Claro que para isso não existe uma ordem e muito menos regra fixa. Podem ser inclusive figuras irregulares ou mesmo desenhos, em cartões, que reproduzam as formas mais tradicionais das peças desse jogo. O importante é que o jogo de representações e a lei da correspondência sejam devidamente explorados.

Estimular a lei de correspondências no jogo de xadrez é estimular o pensamento geométrico. Isso porque cada peça pode ser representada por uma figura qualquer ou um objeto, e cada representação tem um movimento como consequência da regra. Além disso, as peças constroem outras correspondências com as casas do tabuleiro, que definimos como posição, durante os deslocamentos. As correspondências entre formas, posições e movimentos podem ser os primeiros passos para um laboratório de geometria.

---

[5] Por outras palavras, podemos dizer que a contagem se realiza fazendo corresponder sucessivamente, a cada objeto da colecção, um número da sucessão natural. Encontramo-nos assim em face da operação de "fazer corresponder", uma das operações mentais mais importantes e que na vida de todos os dias utilizamos constantemente.

Esta operação de "fazer corresponder" baseia-se na ideia de correspondência que é, sem dúvida, uma das ideias basilares da Matemática.

A correspondência ou associação mental de dois entes – no exemplo dado, os objetos e os números – exige que haja um antecedente (no nosso exemplo, o objeto) e um consequente (no nosso exemplo, o número); a maneira pela qual o pensar no antecedente desperta o pensar no consequente chama-se lei da correspondência. (CARAÇA, 1978, p.7)

2. Conteúdo de Matemática e confecções

A confecção das peças e do tabuleiro é um caminho importante para que possam ocorrer conexões do conteúdo matemático com processos que estão mais presentes em outras áreas. Passos decisivos porque irão permitir uma diminuição na dicotomia entre o que é Matemática e o que não é Matemática. Surgirá uma conexão de conteúdos que possibilitará vários tipos de ações no processo de aprendizagem e, por isso, auxiliará na assimilação de conceitos que sempre foram considerados como fundamentais para o ensino de Matemática. A confecção transforma-se em mais um recurso para ensinar Matemática.

A confecção do tabuleiro

Cooperativa Educacional da Cidade de São Paulo, 5ª série, 1995

Confeccionar o tabuleiro é a soma de várias ações, como medir, riscar, pintar e cortar. Medir é um dos procedimentos mais importantes do conteúdo de Matemática. No entanto, perde o significado se for isolado como apenas mais uma operação. Pode se transformar em um frio capítulo de um livro didático no qual o aluno é obrigado a decorar várias unidades de medidas sem nunca entendê-las.

Podendo medir riscando, pintando e recortando é mais divertido, e essas ações estabelecem correspondências com os conceitos de comprimento, área e volume. *O risco é o movimento para percebermos o que é uma linha e o seu comprimento. Pintar é uma ação que percorre uma superfície ou um pedaço de superfície, se preferirmos.* E, por último, recortar é mostrar que toda matéria, mesmo sendo papel sulfite ou linha de costura, tem comprimento, largura, espessura e, portanto, volume.

Riscar, pintar e recortar não podem ser ações estimuladas apenas nas primeiras séries do Ensino Fundamental ou ficarem encurraladas, nas séries posteriores, apenas no campo relativo ao ensino das artes. Tais procedimentos, sempre desprezados nos currículos de Matemática, são importantes para a construção dos conceitos como o de perímetro, que é a medida do contorno de uma figura geométrica, o de área, que tem a função de medir uma certa superfície, e o de volume, que é a medida do espaço ocupado por um objeto. Conceitos que podem ser, talvez, mais bem apreendidos utilizando-se *não apenas a mente, mas também as mãos.* Confeccionar é construir um diálogo entre a mão e o cérebro sendo que, para este caso, a construção de alguns conceitos geométricos são partes desse diálogo.

Cooperativa Educacional da Cidade de São Paulo, 5ª série, 1995

Quadricular o tabuleiro desenvolve possibilidades de experimentos com procedimentos matemáticos importantes como o de medir, por exemplo. Mas, anterior a isso, sua confecção é um jogo entre a parte e o todo. O tabuleiro de xadrez é um quadrado no qual *suas partes,* as casas, são também quadrados. *Esses padrões*[6] produzidos na confec-

[6] Quando se contempla um padrão, as várias partes devem ser relacionadas mentalmente ao todo e o padrão deve ser assimilado e apreciado como um todo.

ção do tabuleiro propiciam o *prazer estético*[7] e também vários caminhos para o desenvolvimento do conceito de unidade. Aliás, as unidades e as subdivisões delas são um jogo entre a parte e o todo, e podem ser escolhidas por meio de uma medida *qualquer* feita com um régua sem graduação construída pelos próprios alunos.

A escolha de uma medida qualquer é mais um experimento ou um jogo para mostrar como as unidades de medidas são construídas. Os nomes são escolhidos pelos professores ou alunos. Por exemplo, TAB pode ser para a unidade de comprimento e DREX para unidade de área. Tudo isso depende dos conceitos que já foram desenvolvidos ou não em sala de aula. O que é importante nesse processo é a aritmética e a geometria *serem um todo e não apenas as partes separadas em capítulos.*[8]

Calcular a área do tabuleiro é *contar* a quantidade de quadrados que formam o tabuleiro. Quadrados esses que são padrões e têm uma unidade de área definida na sala de aula. Assim, não há corte entre a geometria e a aritmética. Corte este mantido nos índices de muitos livros didáticos, sem nenhuma preocupação estética porque sempre separam as *partes do todo.*

A superfície quadriculada do tabuleiro é uma linguagem visual que estabelece relações com a história da Matemática. Ela é o espaço do jogo de xadrez onde as peças irão ocupar *posições* e disputar *áreas*. Uma simulação da própria história do homem sobre a superfície deste planeta no qual o conteúdo de geometria esteve sempre presente. Os

---

O padrão de notas de uma melodia forma uma sequência no compasso, mas, a menos que a memória permita que o todo seja assimilado em um instante, a beleza desaparece. Os hexágonos contíguos e repetitivos do favo de mel são vistos como uma unidade. (HUNTLEY, 1985, p.117)

[7] É uma questão de observação comum o fato de que padrões podem ser uma fonte de prazer estético, quer sejam encontrados na natureza ou no produto criativo de uma imaginação matemática. O floco de neve é um padrão composto por triângulos equiláteros de desenho idêntico, reunidos em forma de hexágono. O favo de mel compõe-se de hexágonos reunidos. (HUNTLEY, 1985, p.117)

[8] En último término, la aritmética y la geometria son las dos raíces sobre los cuales ha crescido toda la matemática. Su influencia mutua se hace sentir desde el mismo momento de su nascimento. Incluso la simple medición de una línea representa una fusión de la geometria y la aritmética. (ALEKSANDROV, 1994, p.43)

conceitos de posição e de área no jogo de xadrez não são as únicas variáveis relevantes desse jogo repleto de combinações. No entanto, elas podem ser destacadas e valorizadas diante de uma escolha feita pelo professor de Matemática. Uma escolha proposital e intencional. A ação de quadricular, na confecção do tabuleiro, é um procedimento importante para ensinar o conceito de área. Foi um procedimento adotado pelas primeiras civilizações para medir e controlar as terras.[9] Nesse procedimento está *a ideia inicial, a essência* que desencadeou o cálculo da área para qualquer figura. No tabuleiro do jogo de xadrez, tal procedimento é informado *visualmente,* sobretudo, quando as peças representadas, ainda por botões, tampinhas ou recorte de figuras conhecidas com os seus respectivos movimentos, são colocadas sobre a sua superfície. Cada peça com a regra do seu movimento ameaça um número de casas conforme a posição que ocupa. Elas podem ser riscadas e contadas. Agora não é apenas a área do tabuleiro que pode ser calculada, mas também a área ameaçada por cada peça.

A *área ameaçada* é calculada *de acordo com* a posição ocupada pelas peças. Um procedimento desenvolvido no Capítulo 3 e agora, nesta parte da confecção do tabuleiro, ajuda a criar uma variedade de alternativas para o cálculo de área. São introduzidos o centímetro como unidade de comprimento e o centímetro quadrado como unidade de área. Essa passagem é feita mostrando como esses novos padrões são

---

[9] E assim nasceu a Geometria...

Heródoto – o pai da história –, historiador grego que viveu no século V antes de Cristo, ao falar da história dos egípcios no livro II (Euterpe) das suas Histórias, refere-se deste modo às origens da geometria:

"Disseram-me que este rei (Sesóstris) tinha repartido todo o Egipto entre os egípcios, e que tinha dado a cada um uma porção igual e rectangular de terra, com a obrigação de pagar por ano um certo tributo. Que se a porção de algum fosse diminuída pelo rio (Nilo), ele fosse procurar o rei e lhe expusesse o que tinha acontecido à sua terra. Que ao mesmo tempo o rei enviava medidores ao local e fazia medir a terra, a fim de saber de quanto ela estava diminuída e de só fazer pagar o tributo conforme o que tivesse ficado de terra. Eu creio que foi daí que nasceu a geometria e que depois passou aos gregos". (CARAÇA, 1978, p.32)

construídos na história da Matemática e a importância social dessas definições para a comunicação.

Além disso, essas unidades são importantes porque permitem a reprodução dos tabuleiros no caderno, com régua e lápis, com as mesmas medidas usadas na confecção. A transposição, no sentido inverso, do desenho do caderno para fora dele também é interessante. É mais um jogo entre o objeto e sua representação.

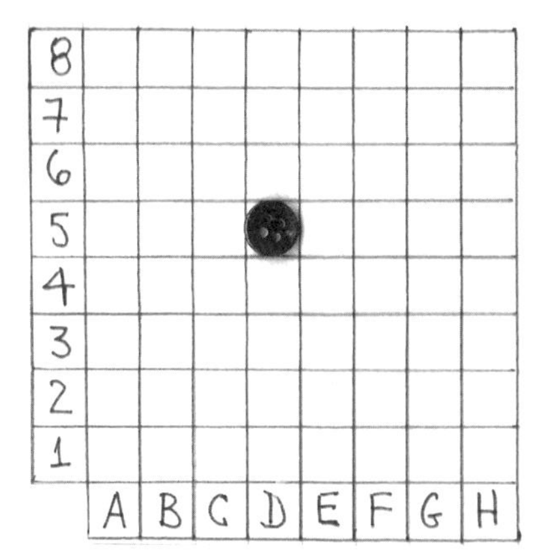

Botão representando o rei na casa D5 em tabuleiro confeccionado com casas de 1 cm de lado

Desenho do tabuleiro mostrando as casas ameaçadas pelo rei que ocupa a casa D5. As casas do desenho deste tabuleiro também possuem 1 cm de lado

O tabuleiro confeccionado com a peça representada por tampinha de refrigerante ou botão, e a sua representação no caderno por meio de um desenho, são estratégias que enriquecem a dinâmica da análise dos problemas e as suas resoluções. O tabuleiro e o botão fora do caderno *transformam-se em algo vivo*, que se movimenta, *muda de posição*, enquanto os respectivos desenhos no caderno são complementados com observações e registros. O desenho fixa a posição que está sendo estudada no problema. Esse complemento tem a função parecida com a da fotografia que congela a imagem para estudar seus detalhes.

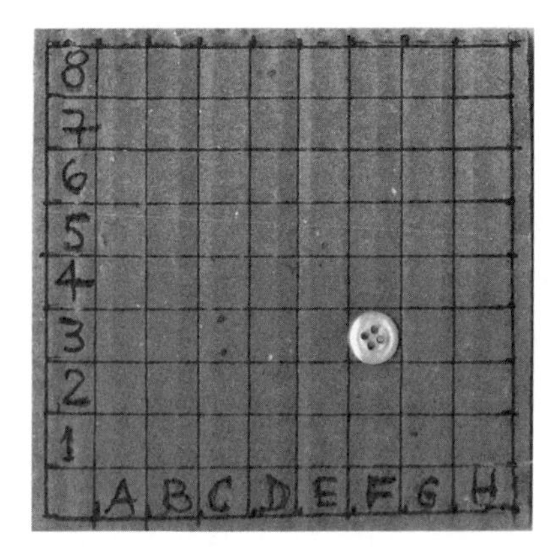

Botão representando a rainha na casa F3 em tabuleiro de papelão com casas de 1 cm de lado

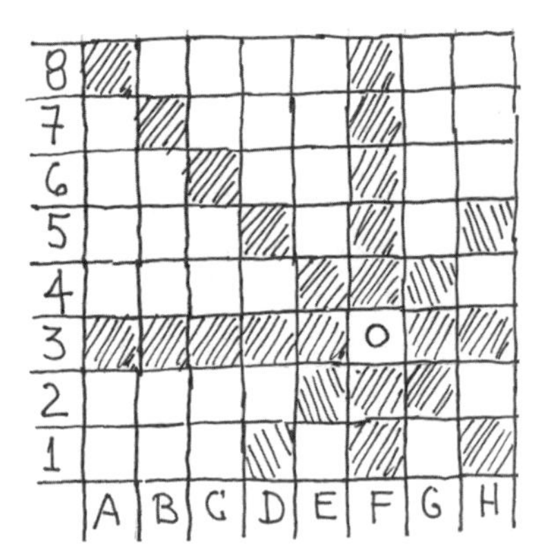

Desenho do tabuleiro mostrando as casas ameaçadas pela rainha que ocupa a casa F3. O desenho representa e organiza o que ocorre no problema proposto sobre o tabuleiro

Os vários problemas com essas estratégias relacionam e aproximam cada vez mais as ações de riscar, pintar, construir e jogar com as de medir, calcular e inventar. Ocorrem conexões de procedimentos de uma área do conhecimento com outras. A escolha do papelão como material facilita a quantidade de experimentos para que essas conexões sejam feitas.

Com esse material, o aluno pode errar e experimentar bastante. O papelão é barato e muitas vezes não tem nenhum custo, dependendo do local de trabalho. De qualquer forma, pelo preço ou pelas condições de trabalho, o acesso é bem fácil. E isso não só permite um número grande de experiências, mas também o aperfeiçoamento na ação de fazer e refazer, inventar e reinventar, criar e recriar.

A ampliação do tabuleiro fora do caderno é o próximo passo para a confecção de novos tabuleiros e novos problemas para se calcular área. O tamanho do tabuleiro, sendo diversificado, permite a variação de sua área e acrescenta novos elementos nas produções dos problemas.

Para isso temos dois caminhos. O primeiro é variar *a quantidade de casas*[10] e o segundo, *o tamanho delas*.

Podemos começar analisando o primeiro caso que mantém o tamanho das casas e varia apenas a quantidade delas, mudando a forma de um tabuleiro quadrado para o retangular. O aumento das linhas ou das colunas permite, pela observação, a descoberta de uma nova possibilidade para os cálculos das áreas dos tabuleiros quadrados e retangulares. Além de definirmos uma unidade de área usando as próprias casas do tabuleiro e contando-as para o respectivo cálculo da área, mostramos também que esse resultado pode ser obtido multiplicando os comprimentos dos tabuleiros pelas respectivas larguras. Essa nova possibilidade com vários tabuleiros, quadrados e retangulares, conduz a um procedimento fundamental para o ensino de Matemática: *a construção e o significado de uma regra*.

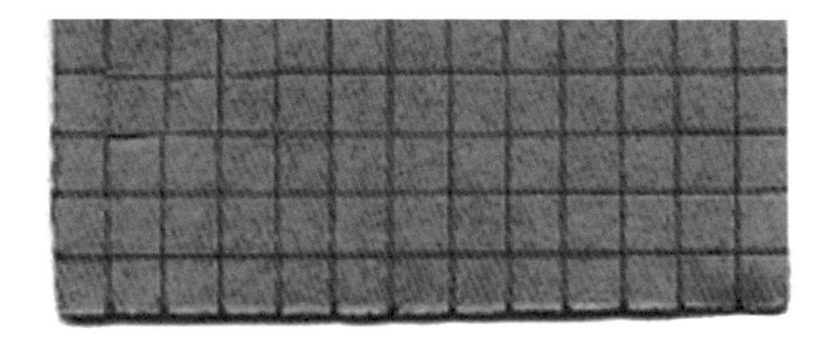

A descoberta da regra feita visualmente com o desenho e a contagem dos quadrados, tacitamente com a confecção dos tabuleiros e verbalmente com as narrativas dos problemas, estimula o *processo*

[10] Claro que o número de casas do tabuleiro pode ser aumentado sem quaisquer limitações. Para diferentes jogos e problemas matemáticos e de xadrez servem também tabuleiros retangulares de m x n, quadrados de n x n casas e até tabuleiros infinitos. Geralmente, os jogos sobre este tipo de tabuleiros atraem poucos jogadores, no entanto são bons para análise matemática das rotas de figuras, da sua disposição e permutações no tabuleiro. (GUIK, 1989, p.64)

algébrico de aprender a generalizar.[11] Esse processo é feito por meio da construção de regras, observação e aplicação destas em várias situações. Nessas experiências com os tabuleiros, a generalização de que podemos calcular a área de um retângulo, multiplicando-se o comprimento pela largura, acontece simultaneamente com uma outra regra: a de que todo quadrado é um retângulo. Essas regras e generalizações são construídas por um diálogo entre as mãos e o cérebro, que sempre ocorre em qualquer confecção, e não apenas por meio de um livro didático ou da definição de um professor.

O segundo caminho para ampliar ou reduzir o tamanho do tabuleiro é variar o tamanho das casas mantendo o seu número. É mais uma experiência que ajuda a introduzir outros procedimentos algébricos. As primeiras atividades foram com quadrados de 1 centímetro de lado, depois podem ser inseridas as de 2 centímetro, e assim por diante. A regra ou *fórmula para calcular* área é aplicada em casas quadradas e retangulares com vários comprimentos e larguras construindo a generalização dessa regra e, portanto, podendo ser aplicada para os casos em que os comprimentos e as larguras possuem uma *medida qualquer*. Nesta parte, são também introduzidas as medidas com números decimais.

Trabalhar com uma medida qualquer é uma ideia e um procedimento algébrico que surge durante a confecção da ampliação dos tabuleiros. Cada experimento possibilita a reflexão da *necessidade de representarmos certas medidas por letras em vez de medi-las.* Nem tudo pode ser reproduzido pela confecção ou por outras técnicas. É necessário imaginar, abstrair. Em contrapartida, na própria confecção observa-se que as *medidas são sempre aproximadas.* Dependendo do que medimos ou do que imaginamos medir temos sempre *algo inacessível ou variável.* Assim, pode ser introduzido o procedimento de representarmos *o que é variável* por uma letra qualquer como um recurso para *facilitar* a representação das medidas e os cálculos que as envolvem. A utilização dos problemas com as *projeções dos movimentos das peças* complementa mais uma ação para ajudar o aluno a entender melhor o conceito de

---

[11] Um benefício da generalização é uma consolidação das informações. Vários fatos estreitamente relacionados são embalados elegante e economicamente num único pacote. (DAVIS e HERSH, 1985, p.166)

variável. As letras substituem as medidas das casas. No caso da ilustração abaixo, foi considerada a medida do lado da casa do tabuleiro como sendo *b* e, depois, é feito o cálculo da área ameaçada pela torre e pelo rei dando vários valores à letra *b*.

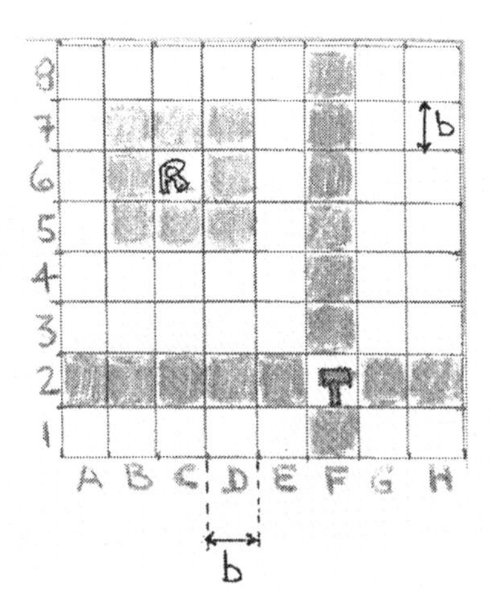

Rei na casa C6 e torre na F2 em um tabuleiro em que os lados das casas possuem medidas representadas por b

Essa atividade faz conexões entre os conteúdos da aritmética, da geometria e da álgebra. Ela possibilita uma rede de relações fundamentais para o significado do conteúdo de Matemática. É uma atividade que não leva o aluno a procurar algum tipo de fórmula como procedimento inicial. As casas que compõem a área ameaçada são riscadas e contadas. Uma área que pode ser variável conforme a posição da peça, do tamanho do tabuleiro e de cada casa. As unidades de medidas são interpretadas e, por último, a área é calculada. A fórmula transforma-se apenas em mais uma ferramenta.

A ideia e o procedimento algébrico de substituir uma *medida qualquer* por uma letra são explorados com o objetivo de mostrar a relevância desse procedimento matemático. Um procedimento que será importante em outras situações e em outros conteúdos, quando *a letra representar não apenas uma variável, mas também um valor fixo, como é o caso da incógnita.* Muitas vezes, a introdução desses conceitos, de variável e incógnita, e as suas representações são feitas de maneira precoce pela maioria dos livros didáticos. Estes insistem em simbolizá--las com as *tradicionais letras x, y, z etc.*, antes do aluno compreender o significado de cada um desses conceitos. As várias medidas experimentadas durante a confecção mostram que o procedimento de substituir a medida por uma letra ou vice-versa deve ser entendido como mais uma *técnica* para organizar a informação diante de um tipo de problema. A maioria dos alunos aprende a resolver equações e inequações sem interpretar o que estão calculando. Não é feita a análise de que as *letras* representam medidas ou quantidades desconhecidas ou variáveis. A preocupação de *achar o valor de x e y* acaba apagando o importante procedimento da linguagem Matemática sobre a representação das medidas e quantidades. No início deste capítulo, foi discutida a importância da ideia de correspondência, e a representação surge simultaneamente a essa ideia, uma vez que precisamos representar essas correspondências, em outras palavras, comunicá-las. O processo de representar as peças do jogo de xadrez com seus respectivos movimentos por botões ou tampinhas de refrigerantes é semelhante ao processo de representarmos medidas e quantidades por letras. Aprender a substituir uma coisa por outra ou representar, é um processo que tem de ser *mostrado e praticado* em sala de aula. Fundamental na construção de conceitos, ele tem que ser estimulado com um nível de linguagem acessível aos alunos do Ensino Fundamental. A confecção do jogo de xadrez, com peças das mais variadas formas, incentiva e organiza esse tipo de processo com inúmeros exemplos.

Jogos entre o perímetro e a área na confecção

Como já vimos, no Capítulo 3, as projeções dos movimentos das peças produzem figuras com formas bem variadas. Figuras que podem ter seus contornos e suas superfícies medidas, desenvolvendo, respectivamente, o conceito de perímetro e de área. Agora, em vez de pintarmos as casas ameaçadas por cada peça , usamos quadrados recortados, com medidas iguais às das casas do tabuleiro. Com esse recurso, temos a possibilidade de deslocarmos e rearranjarmos cada casa ameaçada pela peça. No exemplo abaixo, utilizei a cor preta para a projeção das casas ameaçadas pelo bispo na casa C3. A quantidade de casas ameaçadas nessa posição dá 11 que, rearranjadas, podem formar a figura como indica a ilustração logo a seguir.

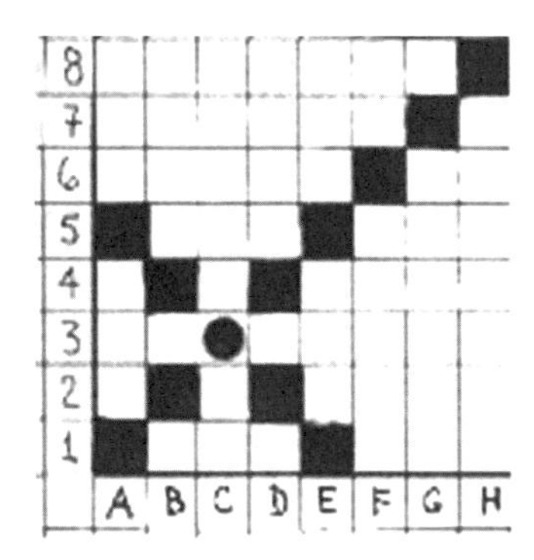

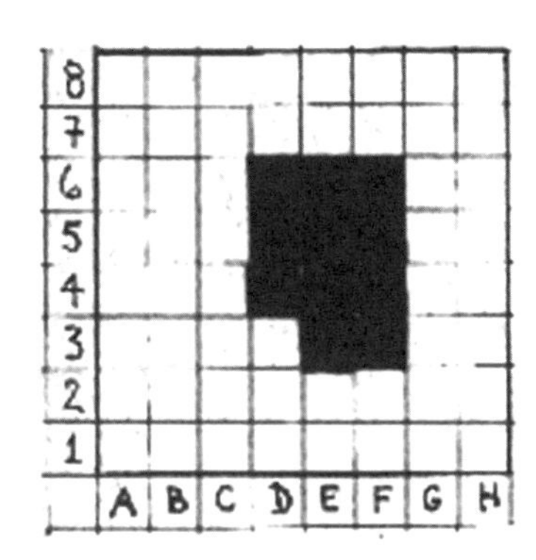

É como se fosse construído um novo jogo que permite mudar o formato das projeções das peças transformando-se em um recurso para mostrarmos aos alunos que podemos mudar o perímetro de uma figura sem alterar a medida da sua área. E o jogo não para por aí. À medida que começamos a cortar novos quadrados podemos também cortar a metade desses quadrados e compor a construção de vários polígonos. Tudo isso sempre com a preocupação de que haja um bom contraste na leitura visual nesse quebra-cabeça que muitas vezes lembrará um tangran com grande quantidade de peças.

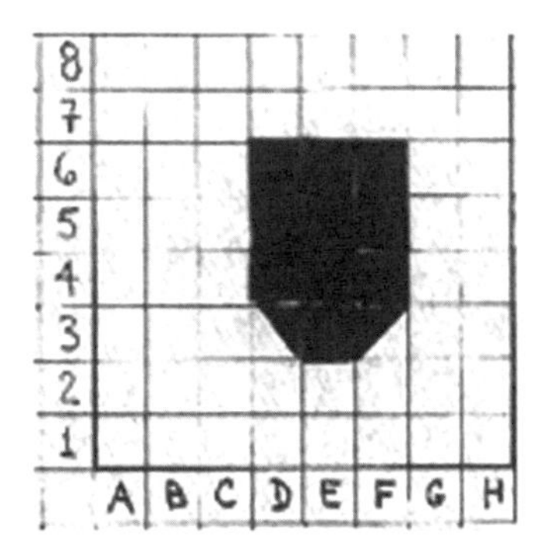

3. Recortes no papelão e cortes nos conceitos

Cooperativa Educacional da Cidade de São Paulo, 5ª série, 1995

Além de recortar as casas podemos recortar as figuras geométricas formadas por elas sobre os vários tabuleiros desenhados. É uma ação que, além de recortar o papelão, também corta os conceitos para um melhor entendimento. Existe superfície e linha sem espessura? Os objetos não oferecem essa informação, quando tateados pelas nossas mãos, na experiência de ler o mundo sem utilizar os olhos. Apenas a nossa mente por meio da imaginação, abstração ou algum tipo de ilusão de ótica causado pela imagem de um objeto, a uma certa distância, permite tal definição. Ao segurarmos o papelão para riscá-lo ou cortá-lo, somos *informados pelas nossas mãos*,[12] antes de definirmos o volume, que nele existe espessura. As nossas mãos continuam sendo uma boa ferramenta para ajudar a interpretar a realidade. As ações e leituras que elas possibilitam são procedimentos que devem estar em um

[12] São quase seres com vida. Serão escravas? Talvez, mas dotadas de um espírito enérgico e livre, de uma fisionomia – faces sem olhos e sem voz, mas que podem ver e falar. Alguns cegos acabam por adquirir uma tal sensibilidade táctil que se lhes torna possível, pelo toque, distinguir as cartas de jogo, através da espessura mínima das imagens. Também aqueles que veem têm necessidade das mãos, para completar a percepção das aparências com o tacto e a posse das coisas. (FOCILLON, 1988, p.107)

currículo de Matemática para permitir que essa disciplina se aproxime mais da realidade.

As superfícies riscadas dos tabuleiros de papelão, nos problemas do cálculo de área, ao serem recortadas podem servir para a construção de vários objetos. A superfície quadriculada do tabuleiro passa a ser um laboratório para a produção de novas peças e artefatos. Os vários tabuleiros de papelão assumem a função de artefatos que podem ter as suas formas mudadas. É a destruição de uma forma para a criação de uma outra. Na verdade, não é destruição, é apenas transformação de um artefato em outro. Um processo importante para o desenvolvimento dos conceitos geométricos.[13]

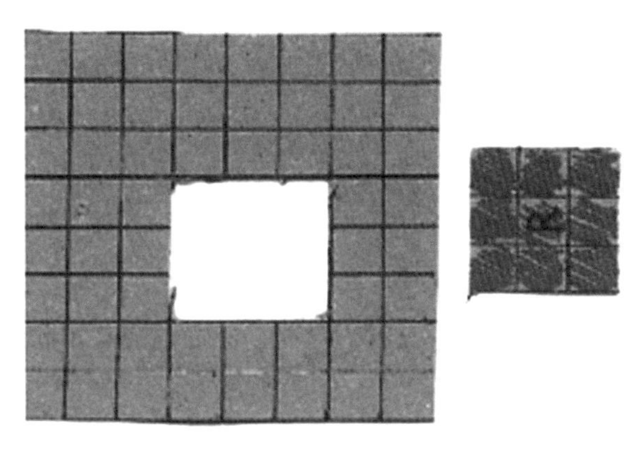

Recorte feito em um tabuleiro de papelão das casas ameaçadas e ocupada pelo rei. O recorte passa a ser um novo artefato

O nosso material é o papelão de caixas de bolacha ou arquivo. Muitos objetos com formas bem variadas, produto das projeções das peças, podem ser recortados do tabuleiro. Os conceitos abstratos da geometria estão

[13] ... el hombre primero dio forma a sus materiales y solo más tarde reconoció la forma com algo que se imprime a la materia y que puede, por conseguinte, ser considerada en sí misma haciendo abstración de aquélla. Reconociendo la forma de los cuerpos, el hombre logró mejorar su trabajo manual y de ese modo elaborar con mayor precisión aún la noción abstracta de forma. Fue así cómo las actividades prácticas sirveron de base a los conceptos abstractos de la geometria. (ALEKSANDROV, 1994, p.38)

presentes nesse processo. A linha que contorna cada figura é percebida.*Ela é uma imagem do limite da superfície que está entre a área ameaçada e a não ameaçada* por uma peça sobre um tabuleiro vazio.

O ponto é também observado no cruzamento das linhas da malha quadriculada do tabuleiro. Linha e ponto são imagens que não possuem superfície e muito menos espessura. Uma grande contradição com o grafite ou a tinta gasta sobre o papelão. Com uma boa lupa podemos descobrir que *o* ponto e a linha construídos com lapiseira e caneta possuem superfície e espessura. Uma experiência que estimula a refletir sobre os conceitos abstratos da geometria.[14]

O processo de abstração é importante e não está contido apenas na história da Matemática. Estimulá-lo sem construir armadilhas é um grande desafio. O perigo da abstração é ela não se relacionar mais com o que a produziu e se transformar em um fragmento intelectual perdido em nossas lembranças. Mais um perigo para a produção de conhecimento tendo as suas partes deslocadas do todo.

Os desenhos do triângulo, do trapézio e do retângulo com as respectivas medidas nos livros didáticos só possuirão significado se houver uma relação desses desenhos, dessas representações, com os objetos que rodeiam os alunos. O retângulo pode ser extraído da porta, parede ou mesmo da lousa de uma sala de aula. Isso não significa que sempre teremos de fazer esse tipo de atividade. No entanto, ela é fundamental para iniciarmos o desenvolvimento dos conceitos das figuras geométricas. As representações das figuras geométricas feitas pela maioria dos livros didáticos estão dissociadas de objetos inseridos no mundo em que vivemos. A confecção é um bom diálogo entre o que projetamos

---

[14] Um carpinteiro, usando uma régua de metal, traça uma reta com um lápis, em uma prancha, para usá-la como guia, ao cortar a prancha. A reta que ele traçou é uma coisa física; é um depósito de grafite sobre a superfície de uma prancha física. Possui largura e espessura variáveis, e, ao seguir a borda da régua, a ponta do lápis reage às desigualdades da superfície da prancha e traça uma reta que tem desvios e asperezas.

Ao lado deste exemplo real, concreto, de uma reta, existe a ideia mental da abstração matemática de uma linha reta ideal. Em sua versão idealizada, todos os fatos não essenciais e imperfeições do exemplo concreto foram miraculosamente eliminados. (DAVIS e HERSH, 1985, p.157)

e o que transformamos. Se, por um lado, a abstração, deslocada da realidade, é perigosa, por outro, desprezá-la, valorizando apenas o que é definido supostamente como cotidiano, pode também produzir armadilhas que limitem o desenvolvimento dos alunos. A confecção produz ações e reações que estimulam a criação e a imaginação. Dois processos que os currículos de Matemática ainda não consideraram relevantes.

A transformação das áreas riscadas em objetos de papelão é um experimento no qual se ativam a imaginação e criação, sempre marginalizadas nos problemas que só consideram técnicas de resolução. No tabuleiro, os botões representando as peças ocupam casas e ameaçam outras. Estas últimas passam a ser visíveis ao serem riscadas e podem, inclusive, aumentar de volume se crescerem perpendicularmente ao tabuleiro. Basta apenas recortar várias figuras formadas pelas áreas riscadas e colar uma sobre a outra. O que era invisível, imaginado ou abstrato ficou sólido e real. Assim, o tabuleiro como ferramenta passa a ter mais uma função: produzir peças com formas bem variadas. Isso tanto para áreas formadas nas ameaças feitas pelas peças como para outras que podem ser imaginadas.

A estrutura da malha quadriculada do tabuleiro usada no jogo entre perímetro e área é mais uma vez explorada. Só que dessa vez para produzir novos artefatos. Assim, podem ser confeccionados objetos de formatos variados sobre o tabuleiro com material do próprio tabuleiro que, em nosso caso, é o papelão. Então, por que não construir as peças do jogo de xadrez?

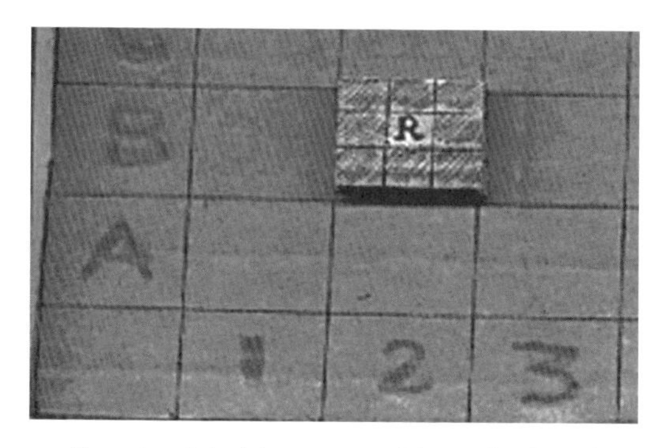

Peça de papelão sobre tabuleiro, na casa B2, confeccionada a partir das casas ameaçadas e ocupada pelo rei

4. A confecção das peças

Confeccionar as peças do jogo de xadrez não é apenas concluir a confecção do jogo. É aumentar a rede de relações no conteúdo de Matemática. O desenvolvimento dos conceitos geométricos não ficará somente relacionado à posição e à trajetória dos movimentos das peças representadas por tampinhas ou botões. A forma das peças, em razão da história e da tradição do jogo, passa a ser investigada com os procedimentos para confeccioná-las. Procedimentos importantes para o estudo da geometria que continuam sendo partes isoladas nos conteúdos desenvolvidos na maioria das escolas. O jogo de xadrez é um dos jogos lógicos que mais tem peças com formas e movimentos diferenciados, possibilitando, assim, na conclusão da confecção, bastantes experimentos em relação à posição e à forma dos objetos. Nem todos os alunos experimentam as formas geométricas que o mundo moderno produz. Pelo menos no que considero experiência. As escolas públicas e mesmo as particulares carecem de espaços que propiciem experiências com as formas dos objetos ou artefatos. Os sólidos geométricos muitas vezes são usados friamente sem gerar desafio ou problema.

As opções na escolha das formas para representarem as peças do jogo de xadrez são infinitas. São formas que geram curiosidade nos alunos e, muitas vezes, na escola pública, o acesso a elas é difícil. Assim, passa a ser um desafio confeccionar o jogo, utilizando os conceitos da Matemática, com o mesmo formato dos jogos encontrados nas prateleiras das lojas. Claro que com as respectivas adaptações quando comparadas às que são produzidas industrialmente. Apesar disso, esse tipo de confecção é bastante fiel nas repostas: para que serve? E de que foi feito?

A confecção do peão

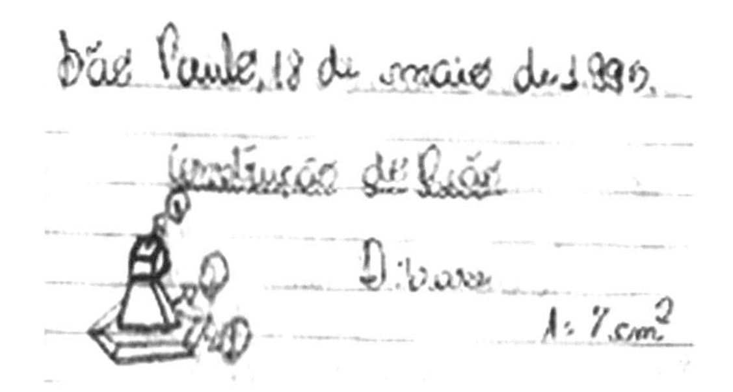

Alessandra, 5ª série, 1995

Da mesma forma que o tabuleiro serviu para desenvolver o conceito de área, a confecção das peças desenvolve o conceito de volume. Para iniciar a confecção, a cabeça do peão é definida como um cubo de um centímetro de aresta. Essa é a unidade de medida de volume. Claro que construir um cubo com 1 centímetro de aresta não é fácil. No entanto, podemos conseguir resultados bem aproximados na confecção. Aliás, como nenhuma medida é exata, esse experimento se transforma em um bom problema para desenvolver a estimativa.

As casas quadradas de papelão, de 1 centímetro de lado, são recortadas e é construído o desafio de colá-las com uma face sobre a outra. O desafio é confeccionar um cubo com 1 centímetro de aresta. A face quadrada é mantida constante, alterando-se apenas a altura do objeto. São construídos outros problemas com a confecção de *pequenos paralelepípedos,* com a mesma base quadrada de 1 centímetro de lado, para compararmos com o cubo de um centímetro de aresta, no caso, o padrão de medida para volume.

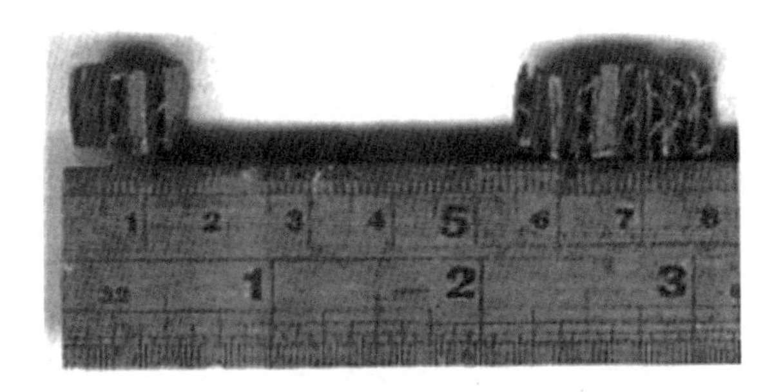

Assim, do mesmo jeito que foi feita a dedução da área do quadrado e do retângulo, os volumes desses *pequenos paralelepípedos e cubos*, calculados por estimativa ou comparação, são recalculados só que, dessa vez, multiplicando as respectivas medidas de comprimento, largura e altura. A regra, a generalização e a fórmula são novamente discutidas como ferramentas produzidas pelos conceitos.

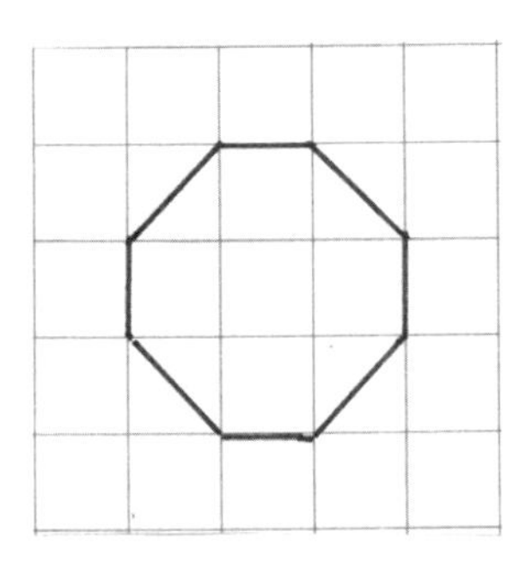

Desenho para a confecção da base do peão em papel quadriculado de 1 cm

A base do peão da ilustração anterior tem cinco quadrados de 1 centímetro de lado e quatro metades, dando um total de 7 centímetros quadrados de área. Ela será também utilizada para as outras peças, mudando-se apenas o número de faces com a intenção de variar a altura de cada peça. Para o caso dos peões são usadas aproximadamente quatro. Claro que tudo isso irá depender da espessura do papelão utilizado. Acabada a confecção da base que possui a forma de um prisma reto, é feita a confecção de um paralelepípedo, com base retangular de 1 cm por 7 cm, e com número de camadas de papelão igual à da base do peão. Esse procedimento demonstrará que o volume desse paralelepípedo é equivalente ao do prisma reto que será usado em todos os peões confeccionados.

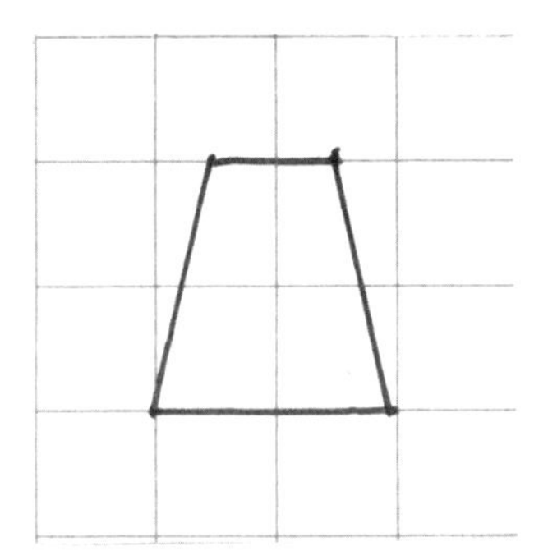

Desenho do corpo do peão em papel quadriculado de 1 cm. O corpo é um trapézio com a base menor igual a 1 cm. Para este caso, temos uma altura de 2 cm que é igual ao comprimento da base maior

Para o corpo do peão é usado um trapézio que já foi trabalhado nos quebra-cabeças entre perímetro e área. A área de 3 centímetros quadrados é calculada e são coladas três faces. E, mais uma vez, é construído um paralelepípedo equivalente ao *corpo do peão* para ser verificado novamente que o volume de um prisma reto pode ser calculado, multiplicando-se a área da base do prisma pela sua altura. Assim, cabeça, corpo e base são colados e o volume total da peça calculado. Essa parte do peão, o corpo, será novamente confeccionada para compor uma parte do corpo do rei.

O acabamento é feito com guache misturado com cola branca. Para a atividade não ficar cansativa são organizados, em grupos, alguns jogos utilizando apenas os peões. Algumas regras são simplificadas ou criadas pelo próprio professor. Uma delas é peão contra peão, vencendo o jogador que consegue chegar com um número maior deles no final da coluna. Isso é um bom início da confecção de outras regras do jogo sobre o tabuleiro.

A confecção da rainha

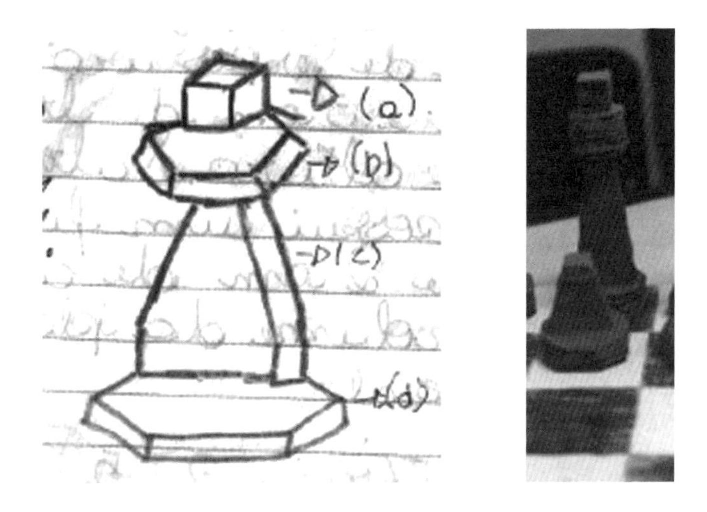

Planejamento para a confecção da rainha feito em caderno de aluno da 5ª série

Nesta confecção são usadas a base e a cabeça do peão, e mais duas partes intermediárias para compor o pescoço e o corpo da rainha. Essas quatro partes são descritas na ilustração a seguir com mais detalhes.

O número de faces escolhidas para cada parte pode variar. Cada parte são novos prismas, nos quais as bases têm formatos diferentes. Os cálculos são apenas novas verificações da regra construída para o cálculo do volume de um prisma reto.

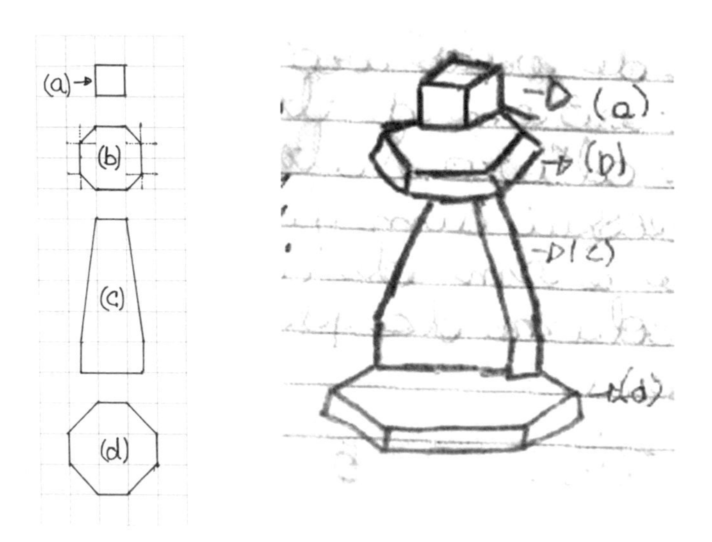

Desenho das quatro figuras que comporão as partes na confecção da rainha – cabeça(a), o pescoço(b), o corpo(c) e a base(d). O desenho é feito em papel quadriculado de 1 cm com alguns quadrados divididos ao meio

Com a rainha somada aos peões, podemos introduzir a regra que dá direito ao jogador de trocar todo peão, que chega na oitava casa de qualquer coluna, por uma peça qualquer do jogo. Essa regra é chamada de coroação do peão. Apesar dessa regra permitir outras trocas, geralmente a rainha é escolhida por ser a peça que possui o maior grau de liberdade de movimento.

Assim, são feitos vários jogos nos quais os dois exércitos são compostos por uma fileira de oito peões e uma rainha situada uma fileira logo atrás, bem no centro. *Quantas vezes o volume da rainha é maior do que o do peão?*[15] Aprender as regras do jogo não exclui a lembrança de outras regras já desenvolvidas durante a confecção.

---

[15] Em que local se achará a Matemática? Onde é que ela existe? Na página impressa, naturalmente, e, antes da imprensa, em tabletes ou papiros. Eis um livro de matemático – apanhe-o; você terá um registro palpável da Matemática como um esforço intelectual. Mas ela deverá, em primeiro lugar, existir na mente de alguém, pois uma prateleira de livros não cria matemática. (DAVIS e HERSH, 1985, p.33)

A confecção do rei

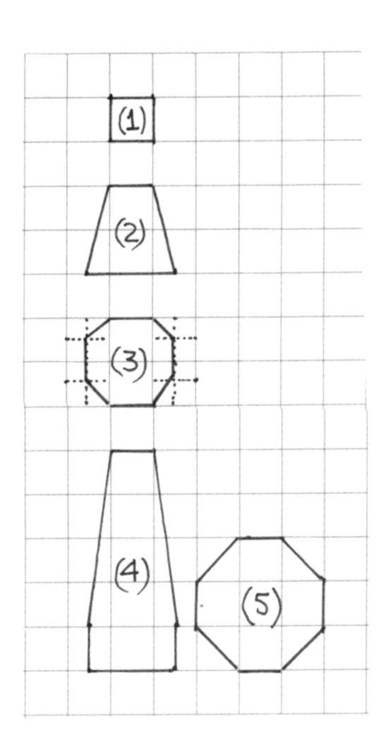

Desenho das cinco figuras, em papel quadriculado de 1 cm, para a contrução das partes que comporão o rei

Todas as partes usadas na confecção do peão e da rainha são também utilizadas na confecção do rei, com algumas variações no número de faces. É recalculado o volume, seguindo-se as respectivas variações nas quantidades das faces para a montagem de cada parte.

As regras do xeque e xeque-mate, respectivamente ameaça e morte ao rei, e as limitações dessa peça em relação a tais situações são exploradas. O tabuleiro pode ser diminuído, propiciando maior velocidade para as interações necessárias no aprendizado das regras. De qualquer forma, são feitos jogos com exércitos formados por rei, rainha e oito peões.

A confecção do bispo

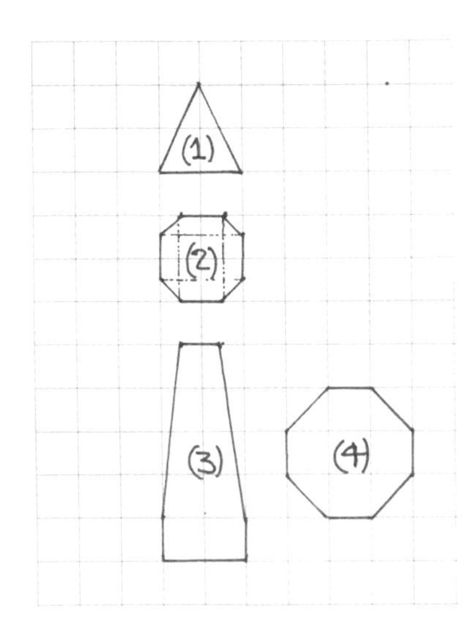

A confecção de cada peça não exime o aluno de refazer as outras que já foram produzidas. Para o bispo são confeccionados novos prismas retos por meio das duas novas partes que estão indicadas por (2) e (3) na ilustração acima.

Uma das partes novas a ser confeccionada é um prisma triangular (1) que é colado no prisma (2). Possui duas faces e representa a cabeça do bispo. Esta carrega em sua história curiosidades em relação a interpretação do seu formato original. Uma das suposições é que *o corte para representar as presas do elefante foi interpretada como a mitra de bispo,*[16] assim, demonstrando que as representações podem causar erros de interpretação. Um fato muito comum no ensino de Matemática.

[16] Provavelmente, tanto Bispo como Bobo resultaram de má interpretação do formato em que a peça era esculpida em alguns jogos de xadrez orientais. Uma fenda no alto da peça, destinada a representar as presas do elefante, foi tomada erroneamente por uma representação da mitra de bispo ou do gorro do bobo. (LASKER, 1999, p.58)

Isso não é uma curiosidade irrelevante. Interpretamos e compreendemos valendo-nos de nossas experiências. O equívoco na interpretação do elefante pelo bispo, na história do xadrez, é análogo à confusão feita pelos alunos ao chamarem círculo de bola. Isso não seria importante, podendo ser entendido como uma forma de expressão, se não surgisse confusão na argumentação sobre a diferença entre a área de um círculo e a área de uma esfera.

A confecção do cavalo

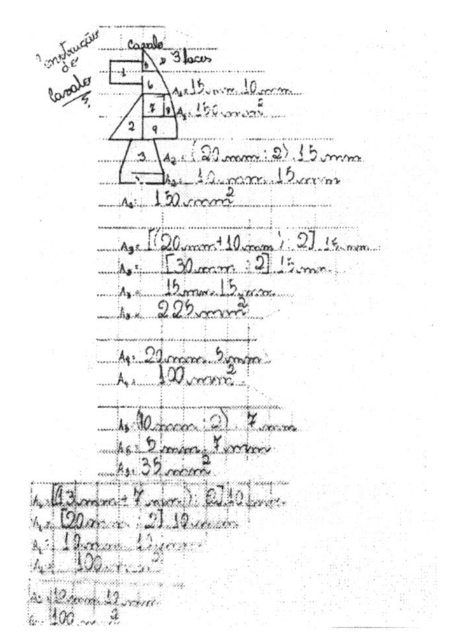

Alessandra, 5ª série, 1995

A confecção do cavalo está organizada apenas em duas partes. Como todas as bases das peças nesse jogo são iguais, alterando apenas o número de faces, a maior parte do trabalho feito nesta peça está na produção da sua face composta por várias figuras.

Pela primeira vez, a malha quadriculada é usada para fragmentar figuras com uma superfície curva. Toda linha pode ser fragmentada. Um procedimento antigo na história da Matemática e bastante atual com o estudo dos *fractais*.[17] Além disso, o processo de saber fragmentar qualquer figura geométrica facilita o estudo e cálculo do volume dos prismas retos com bases formadas por figuras irregulares. É a conclusão definitiva da regra para o cálculo do volume de qualquer prisma reto.

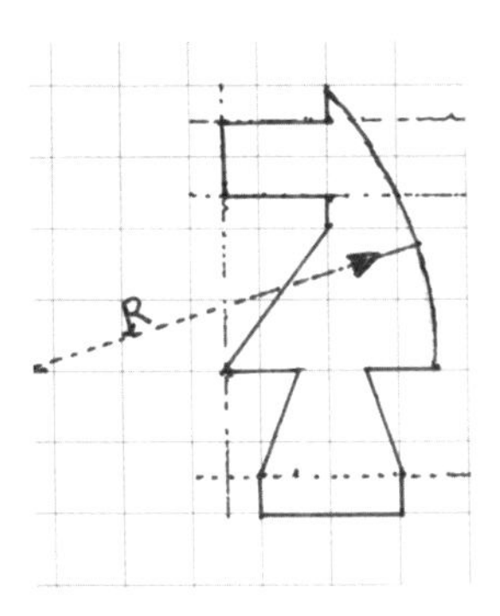

Face do cavalo desenhado em papel quadriculado de 1 cm. O raio R, neste caso, é de 6 cm e alguns quadrados são divididos ao meio para a execução do desenho

Cada peça na confecção introduz novos elementos do jogo, da Matemática e de outras áreas do conhecimento. O acabamento das peças com guache e cola branca traz novos problemas e novos procedimentos. Qual a melhor cor? O que deixa mais bonito? As cores tradicionais do jogo ou outras pesquisadas pelos alunos podem ser usadas. O importante é que nesse processo surgem outros problemas, como o de escolher uma cor para pintar uma peça. Essa ação, que pertence a uma formação mais geral relacionada à iniciativa, criação, contidas também no campo estético, refina o significado das ações anteriores mais relacionadas aos aspectos ou conteúdos específicos da Matemática. O acabamento como término do trabalho propicia a diversão e o prazer de poder concluir um projeto com várias etapas.

---

[17] E o que é um fractal? É uma curva ou superfície (ou um objeto sólido ou de dimensão mais elevada) que contém complexidade semelhante mas crescente quanto mais perto se observa. (PAULOS, 1991, p.87)

O acabamento das peças é uma espécie de conclusão. É mais uma etapa no processo de aprendizagem. Para isso, não existe ordem ou algum tipo de classificação. Pode ser retomado sempre a qualquer momento porque todos saberão responder as questões de *Jacob Bronowiski sobre artefato: Para que serve? E de que é feito?*[18] O acabamento das peças do jogo de xadrez não esconde essas perguntas, pelo contrário, traz à consciência todas as informações necessárias que foram usadas para confeccioná-las.

[18] O traço característico de todas as culturas humanas é a fabricação de artefatos; isso é realmente o que queremos dizer ao afirmar que a mente humana é criativa. Os artefatos começam com simples instrumentos de pedra, alguns dos quais têm pelo menos algumas centenas de milhares de anos. O que caracteriza esses artefatos e outros fabricados posteriormente é a dupla mensagem que lemos em todos eles; desde a primeira peça de pedra lascada, elas nos dizem qual a sua utilidade e também como foram feitos. Esses artefatos são uma invenção que contém o seu próprio projeto. Ao vê-los, percebemos o seu uso, e em outro sentido o processo de sua manufatura. Assim, eles ampliam nossa cultura nos dois sentidos. Esse duplo poder dos artefatos está implícito em tudo o que o homem já fez, durante toda a sua história, até o presente. (BRONOWSKI, 1998, p.92)

A confecção da torre

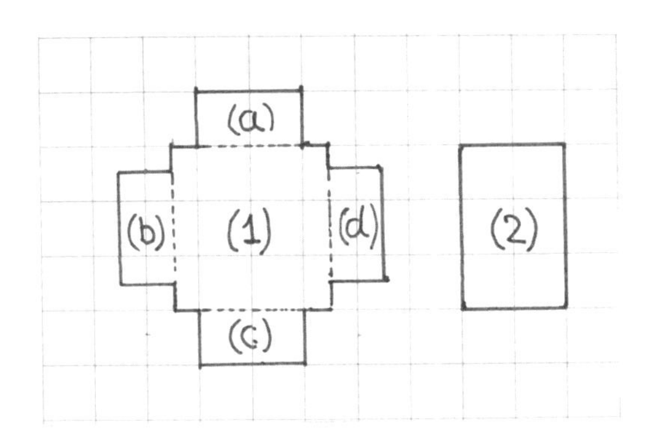

Os retângulos (a), (b), (c) e (d) da face (1) são dobrados para formar a parte superior da torre. A face retangular (2) é usada para compor o corpo da torre

Na confecção da torre temos um importante procedimento geométrico para entender melhor a forma dos objetos: a dobradura. A face da parte superior da torre é composta por um quadrado e quatro retângulos. Nesses últimos, são introduzidos pequenos arames bem finos ou clipes para que eles sejam dobrados e fiquem perpendiculares à face do quadrado. É importante que seja usada apenas uma face para a parte superior e os arames sejam colocados entre as camadas do papelão. Essa ação de dobrar os retângulos, com auxílio de arames, desenvolve novas técnicas para confeccionar objetos geométricos com o papelão e ainda outros conceitos geométricos como o de rotação. A outra parte confeccionada é um prisma formado com duas ou três faces retangulares.

A confecção e o cálculo do volume da parte superior da torre são bastante importantes para instigarmos algumas percepções para o desenvolvimento do pensamento geométrico. A experiência de dobrarmos as partes de uma das faces alterando a forma, mantendo o volume constante, é simples, mas fundamental para percebermos as relações entre as formas dos objetos e o espaço ocupado por eles. Tais percepções são desenvolvidas na confecção, e dificilmente são estimuladas pelas figuras estáticas e rígidas de um livro.

A torre desloca para o tabuleiro as últimas regras desse jogo como os *roques*, que podem ser feitos pelos jogadores, em algumas condições específicas, utilizando os intervalos entre a torre e o rei. Estas são discutidas em partidas nas quais todas as peças participam do jogo. O jogo, os conceitos e procedimentos geométricos, as atitudes, as relações da Matemática com as outras áreas do conhecimento são *confeccionados* simultaneamente durante todas as experiências. Uma forma de confeccionar um currículo confeccionando objetos.

Capítulo 5

Um laboratório para confeccionar várias geometrias

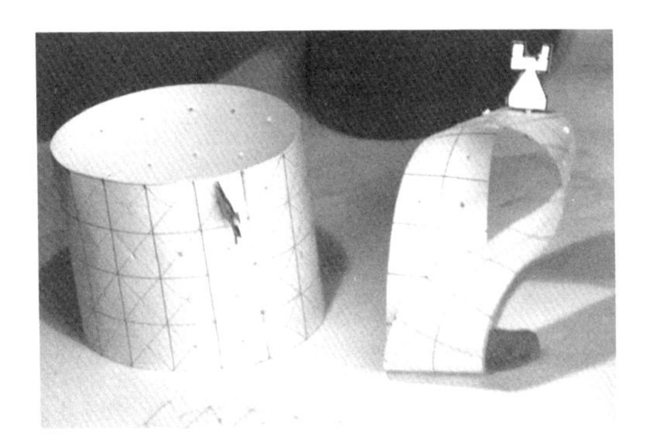

A confecção do jogo de xadrez, descrita no Capítulo 4, somada às reflexões dos três primeiros capítulos, permite desdobramentos na produção de atividades no ensino de geometria. Não é simplesmente um conjunto de atividades, é, sobretudo, a construção de *conexões* entre os vários tipos de geometria que compõem o conhecimento matemático. O jogo de xadrez é o *foco, o instrumento e a ferramenta* para a construção de tais conexões.

Esse jogo, por possuir peças com formas geométricas e com movimentos também diferenciados, portanto um jogo geométrico, possibilita que o processo da sua confecção se transforme em um laboratório para o estudo de geometria.

1. O desenho geométrico como o primeiro passo na confecção

No Capítulo 4, foi mostrada a aplicação do conteúdo da geometria métrica na confecção das peças. As confecções foram produzidas a partir de roteiros com o objetivo de desenvolver os conceitos mínimos do conteúdo de Matemática do Ensino Fundamental. As figuras e os sólidos usados foram os mais essenciais para a formação de um aluno nesse segmento. Todo esse processo foi produzido empregando as peças clássicas do jogo de xadrez como modelo. A partir de agora, a proposta é mostrar o processo de produção desses roteiros com outros desdobramentos didáticos que foram desenvolvidos durante todos esses anos.

Em 1990, desenvolvi a confecção das peças utilizando também os procedimentos do desenho geométrico. Todo o roteiro de confecção com o aprendizado do jogo, e algumas aplicações no ensino de Matemática, foram socializados em oficinas para professores, no CONAE-DOT e nos NAEs, pela Secretaria Municipal de Educação de São Paulo. Na época, essas oficinas foram denominadas "*Os Jogos Matemáticos no Jogo de Xadrez*".

Para cada parte da peça confeccionada houve a preocupação com a proporcionalidade em relação à peça, de um de jogo de xadrez qualquer, utilizada como modelo. A régua e o compasso foram os instrumentos usados para a construção de todas as faces da peça, enquanto o papelão de caixa de arquivo e a cola branca foram os materiais consumidos na confecção. A seguir, temos a reprodução de uma parte desse roteiro mostrando que o cavalo foi desmontado em apenas duas partes. Uma delas é a face e a outra é a base, mostrada logo depois, utilizada também para a torre, bispo, rei e rainha.

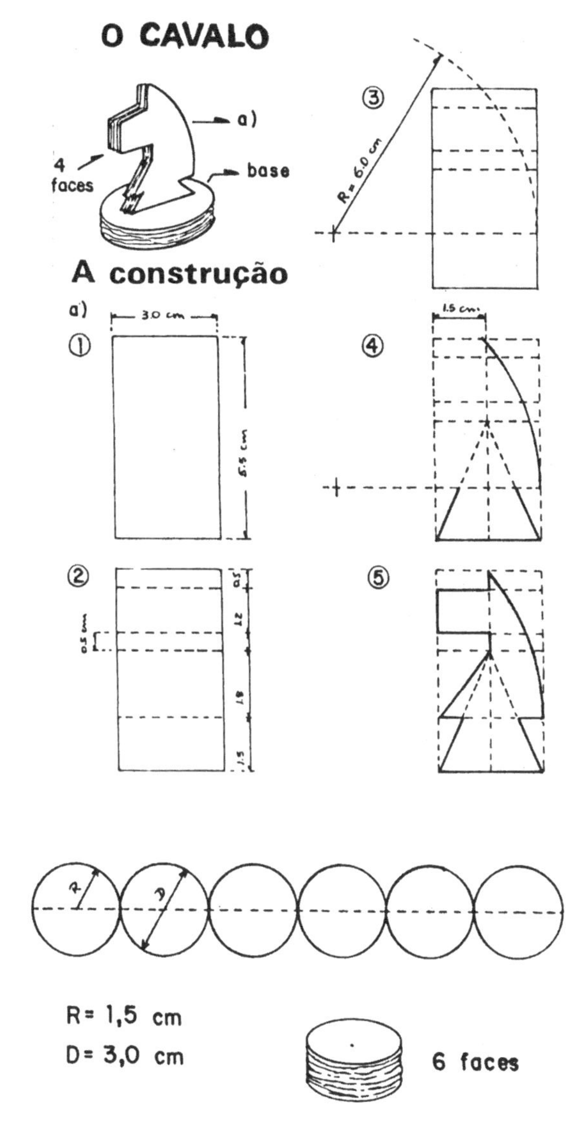

Coordenadoria dos Núcleos de Ações Educativas (Conae), 1990

A socialização desses roteiros entre os professores da rede municipal de São Paulo, em 1990, nos NAEs, também foi feita por uma publicação. A maioria deles eram professores de Matemática, mas isso não excluiu a presença de professores de outras áreas uma vez que a política adotada pela Secretaria de Educação dessa época, liderada pelo professor Paulo Freire, incentivava trabalhos interdisciplinares nas unidades escolares.

Os procedimentos para a construção dos roteiros geraram ações que identifiquei, mais tarde, como os primeiros passos para um laboratório de geometria. Desenhar as peças e confeccioná-las desenvolvem procedimentos básicos para a construção de atividades com noções da geometria projetiva. A princípio, são experiências que podem ser feitas com qualquer tipo de objeto. No entanto, nem sempre existem peças com formas e tamanhos interessantes para serem *observadas* em sala de aula e que possibilitem as atividades descritas a seguir. As peças do jogo de xadrez causam curiosidade, e isso pode ser usado tanto para a confecção das peças quanto para o aprendizado do jogo.

O que define a construção ou não de um laboratório são os experimentos possíveis de serem realizados. Uma vez que a confecção do tabuleiro e das peças do jogo de xadrez e as atividades relacionadas ao aprendizado desse jogo possibilitam a construção de experimentos com conceitos geométricos, podemos afirmar que todo esse processo constrói um laboratório de geometria.

2. A redescoberta do desenho de observação

Desenhar um objeto ajuda a interpretar melhor a forma dele e compreender o conceito a ele referente. É redutor e muito pobre, na relação de ensino e aprendizagem, um aluno se satisfazer apenas com a experiência visual de *"ver" a representação de um cubo ou de um cilindro,* em um livro de Matemática ou na lousa, sem que a atividade estimule nele o hábito de desenhar. Essa paralisia escolar em relação ao desenho está diretamente relacionada a um modelo rígido do que é classificado como bom desenho.

Esse modelo é o desenho em perspectiva. O problema não é o tipo desse desenho, que particularmente é bem importante para as aulas de Matemática, e sim a exclusão de outros, por exemplo, os que representam apenas a borda de um objeto, com esboço em duas dimensões, sem se preocupar *em dar a impressão de profundidade.*[1] Essas *formas mais simples* de desenhar podem ser experiências importantes no aprendizado e no desenvolvimento da habilidade de observação. São etapas inclusive que podem auxiliar outros procedimentos mais complexos, como é o caso da perspectiva. Não ensinar ou incentivar os desenhos mais simples é uma exclusão que inibe a própria observação. Se um aluno não consegue desenhar em perspectiva, e não são propostas, pelo professor, outras formas de representação, então é possível que esse aluno nunca mais desenhe, com o risco bem grande de empobrecê-lo no que se refere à observação das formas dos objetos.

Observar qualquer objeto e representá-lo por um desenho ou uma confecção desenvolvem habilidades visuais. A representação de um objeto nunca é fiel a ele. Somos apenas uma parte da natureza e nossos sentidos e suas extensões, desenvolvidos com recursos tecnológicos, mostram nossa limitação. A educação teria de ter o objetivo de estimulá-los, sem condicioná-los aos métodos rígidos que não permitem reflexão. O jogo de xadrez carrega em sua história um número bem variado de formas, para sua representação, possibilitando que elas sejam exploradas como recurso para esse tipo de exercício.

---

[1] Seria, porém, a visão da perspectiva a que mais se aproxima do espaço real? Em outras palavras, a perspectiva seria igual a realidade? Esse pensamento ocorre bem mais frequentemente do que talvez o imagine o leitor. Implica que, quando nas imagens de arte não existe o sistema perspectivo, também não existe o sentido do real. Mas tal equação não passa de um grande equívoco.

Como se explicaria a ausência da perspectiva nos estilos anteriores ao Renascimento? Teria sido uma falta de conhecimentos técnicos ou falta de inteligência por parte dos artistas? Com as maravilhas que eles foram capazes de produzir? Impossível. (OSTROWER, 1998, p.27)

Qualquer desenho é uma projeção do que observamos ou imaginamos. Tanto a observação quanto a imaginação não podem ser excluídas do ato de desenhar. Uma complementa a outra. Às vezes, podemos nos concentrar, dependendo do objetivo e das necessidades, com mais enfoque em um desses dois campos, no entanto eles não se isolam, se articulam e sempre enriquecem qualquer área do conhecimento.

Durante o processo de confecção das peças do jogo de xadrez, fui instigado por alguns experimentos que me ajudaram a entender esse jogo como laboratório para o estudo de vários tipos de geometria. Os procedimentos dos primeiros roteiros, descritos no início deste capítulo, desencadearam vários experimentos de confecções com esse jogo. O jogo de xadrez passou a ser um artefato mutável para várias experiências no campo da geometria. Esculpir ou dar forma às peças com massa de modelar foi uma delas.

As ações de modelar e desenhar um objeto devem estar sempre presentes na aprendizagem dos conceitos geométricos. São ações que ajudam a construir uma rede de relações entre os vários tipos de geometria. Tanto a ação de esculpir a peça na massa de modelar como a de cortá-la transversalmente, bem no meio, são recursos que auxiliam a observação do objeto e de sua silhueta.

Mesmo nas primeiras experiências apenas com régua e compasso, o objetivo de produzir um conjunto de faces, que sintetizasse a ideia de cada peça, foi um exercício de construir e reconstruir procedimentos, tanto para confeccionar quanto para desenhar. Eles estimularam, mais tarde, novas ações e reflexões de como interagir com as formas dos objetos e fazer delas desafios de aprendizagens não apenas no campo da geometria. Muitas profissões necessitam e utilizam esses procedimentos na resolução dos seus problemas mais específicos. A área industrial é uma delas. O desafio não é apenas tecnológico, mas também o de saber lidar com novos enfoques e procedimentos. Para isso, a imaginação tem de ser estimulada com várias experiências.

Em nenhum momento, devemos nos fixar apenas no que o mundo escolar nos oferece. Independentemente da época, tudo o que está estabelecido pode se transformar em uma armadilha para quem pretende ensinar. Se nos prendemos apenas no modelo de desenho em perspectiva, podemos causar distorções no hábito de desenhar. No entanto, ele não pode ser excluído. *O modelo de desenho em perspectiva é um mecanismo, ou técnica,*[2] que permite várias interfaces com a Matemática e com a Física.

É sempre bom buscar na história da Matemática exemplos de procedimentos que possam ajudar a relação didática na sala de aula ou em outros espaços da escola. Muitas vezes, são procedimentos que perdem a relevância diante da descoberta de outros, aparentemente mais complexos. Acabam sendo excluídos por serem considerados ultrapassados. Essa é uma consequência que distorce o conceito de como ocorre o desenvolvimento do conhecimento e interfere de forma danosa na cultura escolar. Nem tudo o que é moderno é melhor. Se o objetivo é desenvolver a observação das formas dos objetos e os processos para desenhá-los, temos de utilizar recursos viáveis e fáceis de serem experimentados tanto pelo professor como pelo aluno. É nisso que se estrutura a base do processo educacional.

Um método bem simples para motivar o hábito de desenhar, *desenvolvido na investigação da perspectiva,*[3] é o de colocarmos um vidro transparente entre o objeto a ser desenhado e o desenhista. O vidro passa a ser uma tela. O que interessa são os fundamentos dos processos do desenho e da geometria projetiva.

---

[2] Em vez de ver na perspectiva um princípio fundamental e eterno, devemos entendê-la como um fenômeno de ordem cultural e histórica. Assim, as coisas começariam a fazer sentido. Poderíamos então apreciar a perspectiva como uma determinada forma espacial surgindo em um determinado momento histórico, forma esta de grande beleza e coerência. Isso também nos permitiria entender o como e o porquê dela aparecer e depois, em menos de três séculos, desaparecer do cenário artístico. (OSTROWER, 1998, p.28)

[3] Em um esforço para produzir quadros mais realistas, muitos artistas e arquitetos do Renascimento vieram a se interessar profundamente por descobrir as leis formais que regem a construção de projeções de objetos sobre uma tela, e já no século XV muitos desses homens criaram os elementos de uma teoria geométrica subjacente à perspectiva Alguns aspectos já tinham sido considerados pelos gregos antigos. (EVES, 1992, p.15)

Para construir noções de qualquer assunto não precisamos explicitá--las em uma sala de aula por meio do discurso verbal ou escrito. Elas podem ser ensinadas e aprendidas *apenas pelas ações*. Podemos economizar palavras. Desenhar sobre o vidro é um tipo de atividade que passa a *ser um jogo de encaixe de linhas*. É um desafio do exercício visual de acompanhar as linhas da imagem de um objeto mantendo um ponto fixo de observação. Utilizar a massa de modelar, para a reprodução da peça nesse tipo de atividade, possibilita experiências interessantes como a de cortar transversalmente a peça e depois rotacioná-la durante o desenho de observação. São experiências que auxiliam a ampliação das noções de geometria projetiva.[4]

O interessante é não esquecer que o procedimento de desenhar, como outros que tentam reproduzir o objeto observado, sempre está

[4] A imagem feita por um pintor pode ser considerada uma projeção do original sobre a tela, com o centro no olho do pintor. Nesse processo, comprimentos e ângulos são necessariamente distorcidos de uma forma que depende da posição relativa dos diferentes objetos retratados. Entretanto, a estrutura geométrica do original pode normalmente ser reconhecida na tela. (COURANT e ROBBINS, 2000, p.203)

relacionado a tentar, a experimentar e a errar. Uma noção que foi apagada dos currículos escolares. Essa distorção, relacionada a uma idealização do que é desenhar, inibe o próprio aprendizado desse belo método de produzir a ilusão de três dimensões que é a perspectiva.

Todas essas análises são importantes para o aprendizado dos conceitos geométricos. Primeiro, a relação histórica desse conteúdo com a arte e a influência que cada um exerce sobre o outro. E, segundo, a compreensão dos procedimentos que estiveram presentes, ou ainda continuam, no desenvolvimento dos métodos para representarmos ou expressarmos a realidade. O ensino de geometria tem de investigar esses procedimentos, como forma de reavaliar as ações didáticas em sala de aula.

Toda a impressão que temos dos objetos é uma projeção. O próprio fenômeno físico da formação da imagem na retina é um exemplo. Desse modo, tanto a imagem física do objeto quanto sua representação por um desenho são conteúdos da geometria projetiva. Em cada novo desenho sobre o vidro, mudamos nosso ponto de observação. As peças do jogo de xadrez, com seus detalhes, são ótimas para essa experiência. Além disso, pode ser introduzido o tabuleiro para *estruturar as posições* das peças que serão observadas e desenhadas.

Muitos fatos com os procedimentos da geometria projetiva podem ser explorados em nosso cotidiano. Observar uma mesma rua de posições diferentes na calçada ou de um andar de qualquer edifício próximo a ela são exemplos que estimulam a observação projetiva. Em sala de aula, observar objetos menores que possibilitem ser rotacionados e transladados sobre a carteira é uma estratégia que constrói as noções para esse tipo de geometria.

A produção dos roteiros para a confecção das peças também permitiu essa reflexão, como professor, preparando esse tipo de atividade para alunos e professores, desafiado a pensar, a imaginar e a criar outras formas de desenvolver os conceitos de geometria. Uma delas é a relação existente entre a geometria projetiva e a euclidiana.[5] Cada parte da peça confeccionada é uma etapa que passa pela observação de toda a composição da peça, para depois, com as respectivas projeções no plano, fazermos as medidas necessárias a fim de mantermos a proporcionalidade.

A confecção das peças e as ações necessárias para jogar xadrez desenvolvem relações geométricas comuns. O exercício de localizar as posições relativas das peças sobre o tabuleiro é semelhante ao processo de observarmos *as distâncias relativas das partes de uma peça* no processo de confecção. Nos dois, fazemos estimativas das distâncias. Tanto em um caso como em outro exploramos a noção fundamental para a geometria projetiva que é a posição relativa.

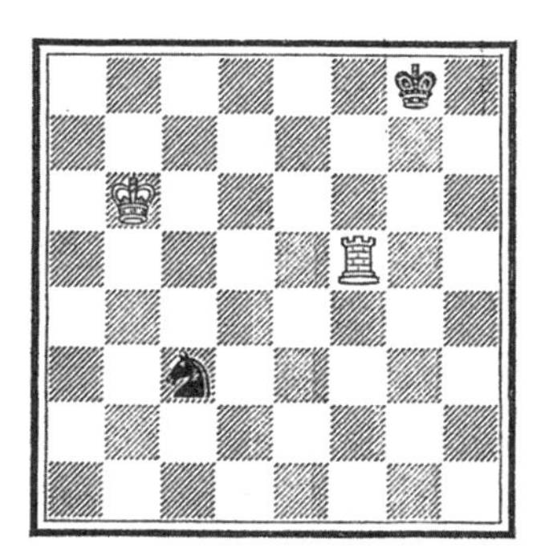

Por exemplo, na figura acima podemos localizar o rei preto em relação ao cavalo preto, à torre branca e ao rei branco. É um tipo de habi-

[5] En retrospectiva es fácil convencerse de que debe haber una geometría más fundamental que la euclidiana. Todo el mundo percibe primero la posición en el espacio de los árboles, las casas, los caminos y demás objetos, y solo después de eso piensa en distancias e tamaños. Al viajar debe uno elegir primero una carretera en particular antes de considerar qué distancia de ésta recorrerá. Tanto práctica como lógicamente, la posición y la posición relativa son más importantes que la distancia.

De ahí que sospeche uno que por lógica, la geometría proyectiva es asunto más fundamental y amplio y que la geometría euclidiana es, en cierto modo, una especización. (KLINE, 1992, p.252)

lidade visual desenvolvida durante o jogo. No desenho ou na confecção de uma peça, ocorre semelhante processo. Observamos partes da peça e comparamos as distâncias de uma em relação à outra. Esse exercício de estimarmos o comprimento, a largura e a espessura das partes de uma peça, e das distâncias entre elas, é muito parecido com o processo de observarmos as posições relativas das peças sobre um tabuleiro. Os dois são procedimentos que ajudam a desenvolver o conceito de proporcionalidade pela habilidade visual, conceito que, na maioria das vezes, é desenvolvido na geometria apenas por meio de medidas. Medir não deve ficar dissociado dos processos de desenhar, comparar e estimar.

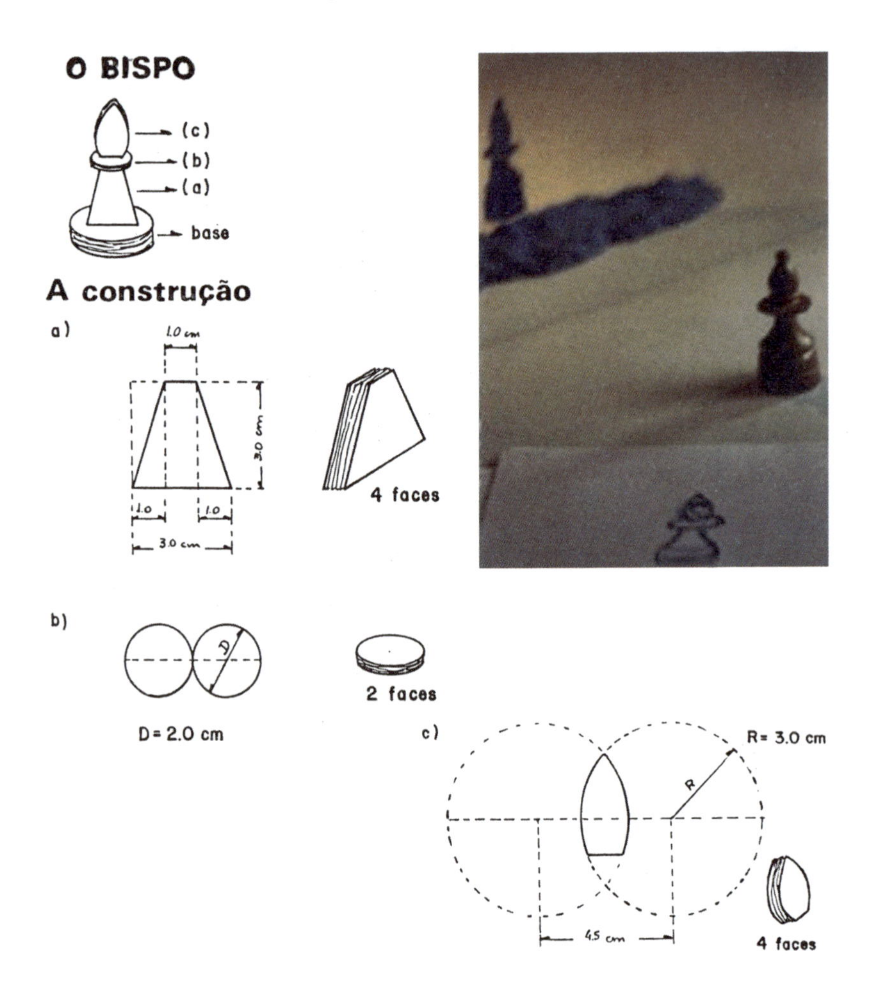

Na produção dos roteiros de confecção das peças, socializados nas Oficinas dos NAEs, observei esses procedimentos descritos e percebi a importância que poderiam ter na formação de qualquer professor de Matemática. Em cada observação, desenho ou confecção, surgiam novas ideias para desdobramentos de atividades e de relações entre elas. Deles eram extraídos apenas os roteiros de confecção, mas ficavam rascunhos do processo de construção. Rascunhos que servem agora para uma reflexão sobre o jogo de xadrez como um laboratório para o estudo de várias geometrias.

A observação, o desenho e o processo de confeccionar cada peça, dividindo-a em partes, permitem que sejam explorados os conceitos do desenho geométrico, da geometria métrica e as ações que estimulam a habilidade visual para a proporção e para a estimativa das medidas. Assim, as medidas mais precisas, de régua e compasso, podem ser comparadas com esses processos *que não empregam instrumentos.* A confecção de objetos tem a qualidade de organizar e dar significado para vários conceitos e procedimentos geométricos.

O objeto, nesse caso, é uma peça do jogo de xadrez que mais tarde servirá também como instrumento não para medir, mas para produzir problemas e desenvolver a capacidade de raciocínio. Portanto, tanto na produção da peça do jogo quanto em sua utilização são feitos os recortes e as conexões entre vários conteúdos que ajudam a fazer novas abordagens na confecção de um currículo de Matemática.

Várias foram as experiências com esses procedimentos e cada uma conduzia à necessidade de buscar outros caminhos para a confecção. Os formatos das peças começaram a ser simplificados com o objetivo de aproximar o conteúdo da geometria métrica ao do desenho geométrico. Parte desse processo já foi descrito no Capítulo 4. Agora, podemos avançar ainda mais construindo relações com outros tipos de geometria e experimentos.

A TORRE

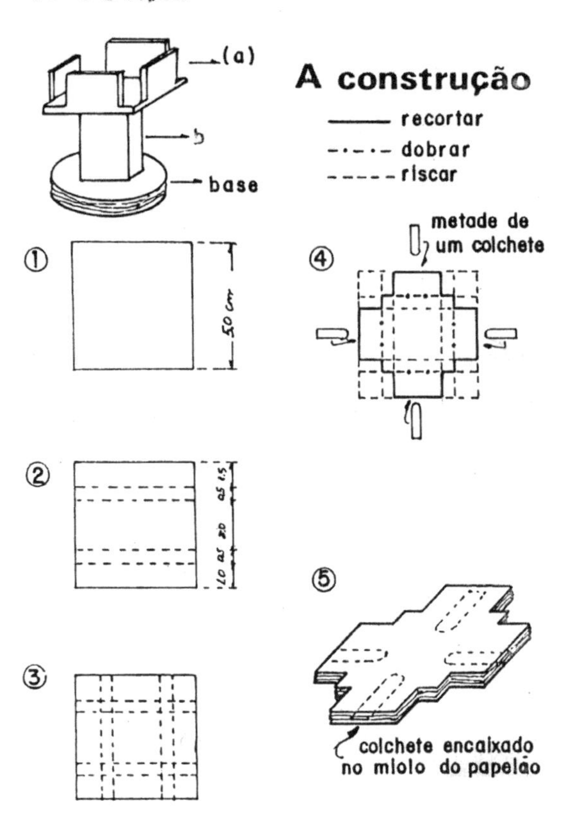

Antes, vou apresentar o restante dos roteiros produzidos em 1990. No processo de confecção, tanto para a torre quanto para a rainha foram utilizados, além do papelão e da cola, os colchetes. Para a rainha, serviram apenas como enfeite, enquanto para a torre serviram como recurso para dobrar a parte superior da peça. Na ilustração da torre, mostrada anteriormente, está a descrição das quatro etapas da confecção da parte superior dela (indicada pelo item a) e também o número de faces necessárias para seu corpo (item b).

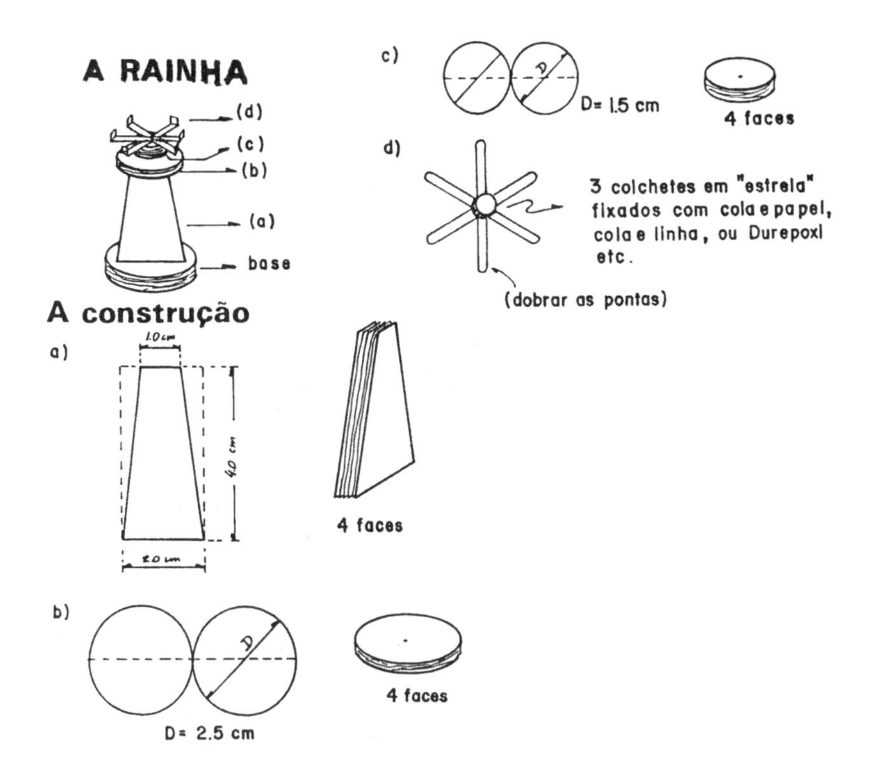

A construção da coroa da rainha foi feita com colchetes e depois por um pequeno cubo, de papelão, conforme descrição no Capítulo 4. Essa forma de reconstruir a peça ajuda a pesquisa sobre materiais que podem deixar a confecção mais barata. Uma pesquisa que não se limita apenas a questões econômicas, mas também está relacionada ao manuseio e às possibilidades de acesso aos materiais escolhidos.

A composição e a decomposição de sólidos no processo de confecção das peças são semelhantes ao processo que ocorre com as figuras planas. Os dois desenvolvem as operações de adição e subtração em problemas lógicos sobre como construir as formas. A diferença é que um explora a tridimensionalidade e o outro, a bidimensionalidade. O desafio de construir todas as peças do jogo de xadrez mantendo o perfil de cada uma para sua identificação é um recurso que exige várias habilidades, sendo que uma delas está diretamente relacionada ao campo estético – a proporcionalidade.

O PEÃO

A construção

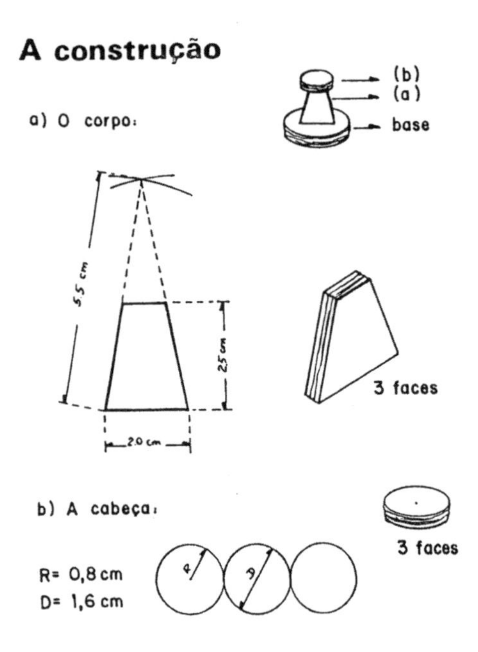

A base do peão tem apenas quatro faces circulares, diferentes das outras peças em que foram utilizadas seis faces.

a) Para os peões.

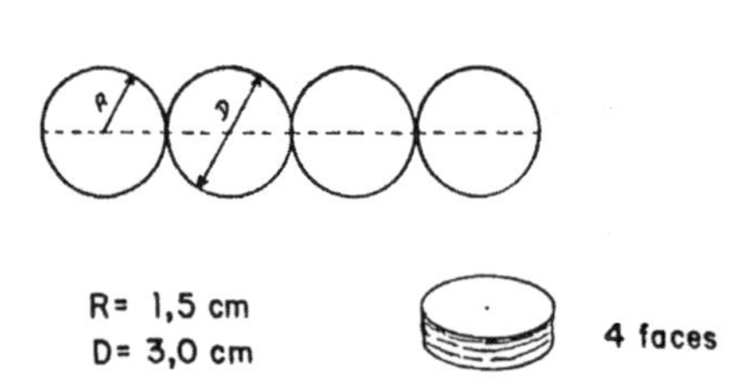

A preocupação da proporcionalidade das peças somada às peculiaridades dos vários tipos de materiais que podem ser usados na confecção possibilita uma relação estética na produção em virtude também das condições econômicas oferecidas pela escola ou pelas oficinas nos encontros com os professores.

O REI

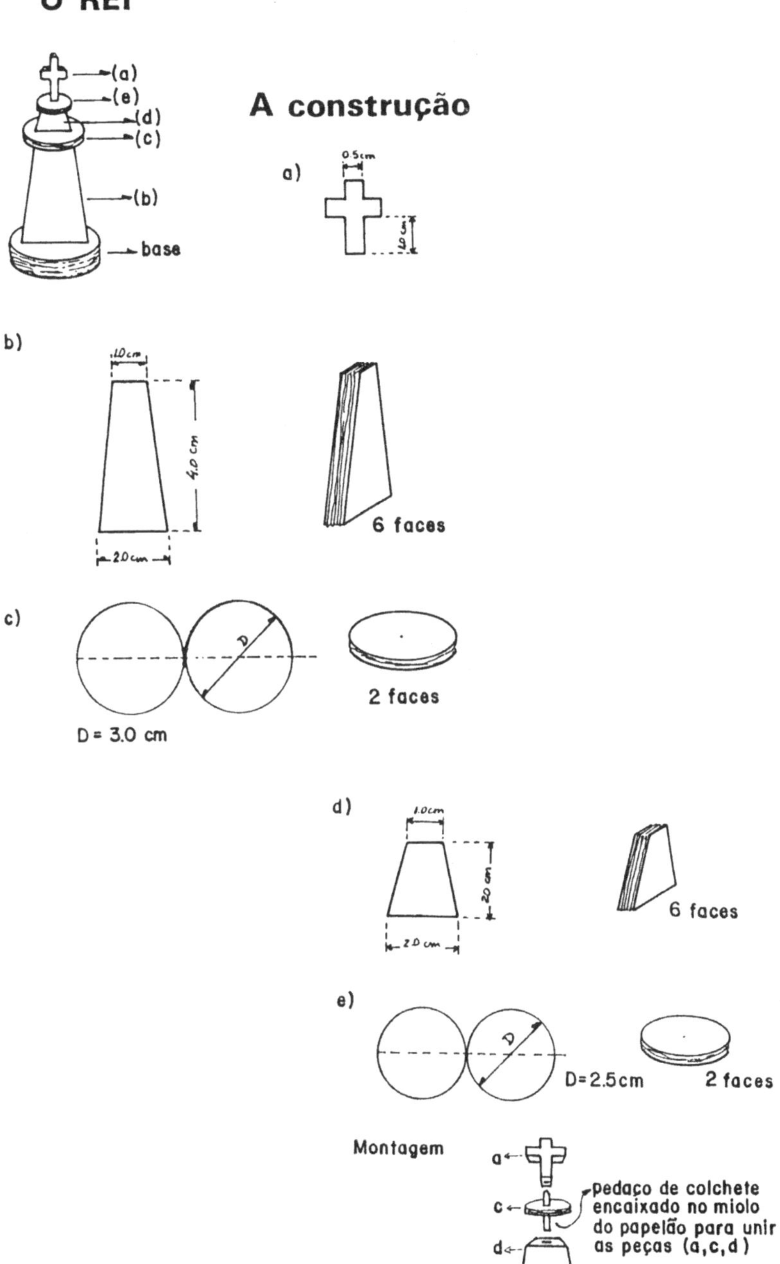
(a)
(e)
(d)
(c)
(b)
base
A construção
a)
b)
6 faces
c)
2 faces
D = 3.0 cm
d)
6 faces
e)
D=2.5cm
2 faces
Montagem
a
c
d
pedaço de colchete encaixado no miolo do papelão para unir as peças (a,c,d)

3. O jogo entre a geometria projetiva e a geometria euclidiana

A sombra é o exemplo mais primitivo de projeção. Por mais antiga que seja a experiência de observar a sombra de nosso corpo e das coisas ao nosso redor, continua sendo divertido e muito estimulante para o desenvolvimento do pensamento geométrico. Por que então não desenhá-las? As peças do jogo de xadrez são muito boas para isso. Não apenas pela facilidade de manuseio em sala de aula, mas também pelas formas exóticas que instigam bastante a imaginação, sobretudo quando está relacionada às sombras desses tipos de formas.

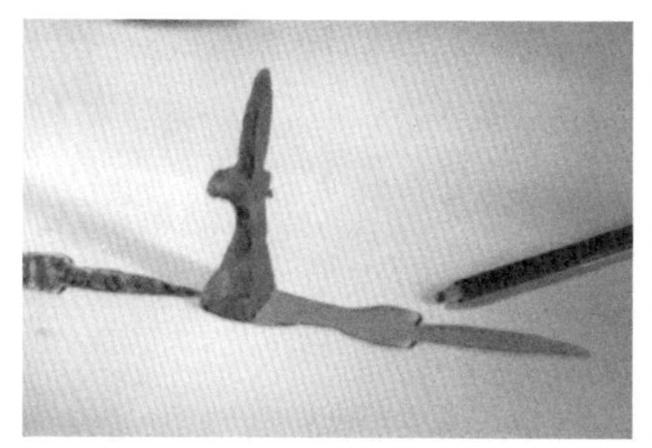

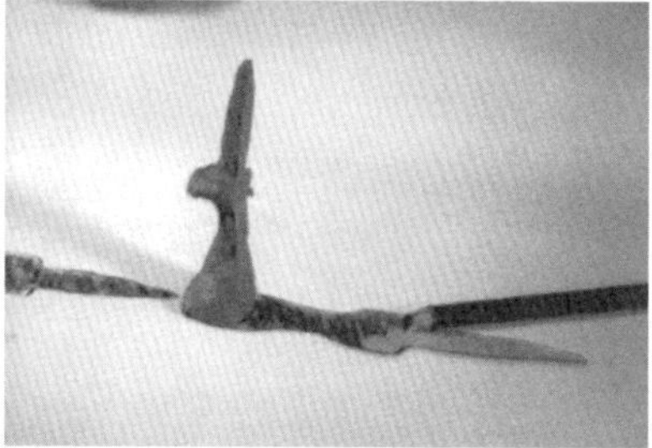

Observar a projeção da sombra de um objeto em função de sua posição em relação à fonte de luz é uma atividade interessante para desenvolvermos noções de geometria projetiva. O tamanho e a forma da sombra dependem da distância e do modo como está posicionado o objeto em relação à fonte de luz e ao plano de projeção. Das várias possibilidades de projeções que podemos fazer com um único objeto, temos uma *condição específica* na qual ocorrem projeções semelhantes ao contorno do objeto. Assim, temos a geometria projetiva servindo de *ligação* entre o objeto e a geometria plana. É por meio dessa ligação que podemos inserir *conceitos da geometria euclidiana*, com exemplos menos abstratos. O mundo atual não é mais o mundo de Euclides. O registro do movimento de qualquer objeto pelo cinema e pela fotografia produziu no homem novas capacidades visuais. No entanto, as ideias de Euclides ainda são importantes, principalmente quando imaginamos linhas paralelas e perpendiculares. Desenhar peças ou suas respectivas sombras são recursos didáticos para o estudo de geometria. Isto porque não partimos apenas das definições. Trata-se do caminho inverso ao que se costuma fazer no ensino de geometria. E isso só é possível quando assumimos que o processo educacional não deve ficar centrado apenas em conceitos e informações. Desenhar a silhueta de um objeto sobre um vidro, sobre uma folha de papel ou mesmo apenas observar as formas de sua sombra ajudam a entender que o estudo da geometria sobre o plano é uma simplificação. Um bom exercício para isso é desenharmos o contorno de uma peça empregando mais uma vez um vidro como tela para, logo a seguir, riscarmos ou pintarmos a superfície interna desse contorno. Depois disso, comparamos essa *projeção sobre o vidro* com a sombra dessa mesma peça.

O desenho da face do bispo sobre o vidro é semelhante à sombra dele sobre uma tela de papel, desde que esses dois planos estejam sempre paralelos à face do bispo projetada. É uma condição específica que permite *uma conexão* entre a geometria projetiva e a geometria plana. Tal processo pode ser explorado com vários tipos de objetos. As peças do jogo são um recurso bastante divertido porque têm formas bem exóticas. Em seguida, podemos fazer uma série de *simplificações geométricas* nas projeções das figuras por meio de cortes e de dissecações que podem conduzir, no limite dessas simplificações, a figuras já conhecidas pela maioria dos alunos, como o quadrado e o triângulo. O importante é não partir das definições, mas sim de representações e simplificações das formas.

Simplificação da silhueta do bispo em que podem ser identificadas algumas figuras como o triângulo e o trapézio

Começar o estudo da geometria pelo desenho de observação e pelas noções de geometria projetiva auxilia o professor a estabelecer as conexões necessárias para que a geometria não se reduza apenas ao jogo da lógica. É fundamental que seu estudo esteja relacionado também ao jogo com a física, no que se refere à óptica e ao movimento, e com a arte no que se refere à perspectiva. O jogo de xadrez é um artefato composto de formas que se movimentam sobre um plano que, no caso, é um tabuleiro. Para representá-las, muitos livros, jornais e revistas utilizam *um tipo de projeção* bastante conhecida pelos leitores desse assunto, como mostra a ilustração a seguir.

Há outras projeções que podem ser desenvolvidas sobre o próprio tabuleiro. Este, com as peças, se transforma mais uma vez em um artefato educacional, agora não apenas para estudar problemas lógicos específicos do jogo, mas os conteúdos e as relações entre a geometria projetiva e a euclidiana. A sombra das peças sobre o tabuleiro pode ser o primeiro passo para essa importante relação.

O tabuleiro é uma malha quadriculada que pode ter suas casas ampliadas ou reduzidas. Para a primeira situação, podemos optar por um tamanho com o objetivo de encaixar a sombra das peças no interior das casas. Essa é uma forma de estimular o pensamento sobre outras possibilidades de representação das peças na projeção.

Feitas essas projeções, são introduzidos o conceito de área e os procedimentos para calculá-la, um dos conteúdos mais fundamentais da geometria. E, para isso, reduzimos as casas do tabuleiro em quadrados de 1 cm de lado, como já adotado em outras atividades, e desenhamos as projeções das sombras das peças sobre esse tabuleiro. O desafio é fazermos o desenho da sombra sem nos preocuparmos com a regularidade do seu formato, e utilizarmos os quadrados do tabuleiro, de 1 cm de lado, para estimarmos a área ocupada por esse desenho.

Os quadrados de 1 cm de lado passam a ser usados mais uma vez no cálculo da área. Em virtude da forma um pouco irregular do contorno das sombras é necessário um cálculo com bastantes aproximações e estimativas. Esse procedimento já foi apresentado, no Capítulo 3, como um recurso para analisarmos e observarmos as irregularidades das projeções dos contornos das nossas mãos. Agora, a experiência é outra. Não contornamos a mão ou outro objeto, mas sim uma sombra que, no caso, já é uma forma de projeção. Esses detalhes parecem ser repetitivos, mas não são. Um professor de Matemática ou um aluno em sua aula não podem exercitar a habilidade de calcular o perímetro e a área apenas com figuras regulares. A seguir, foi feita a estimativa da área da sombra do rei e do perímetro de sua silhueta.

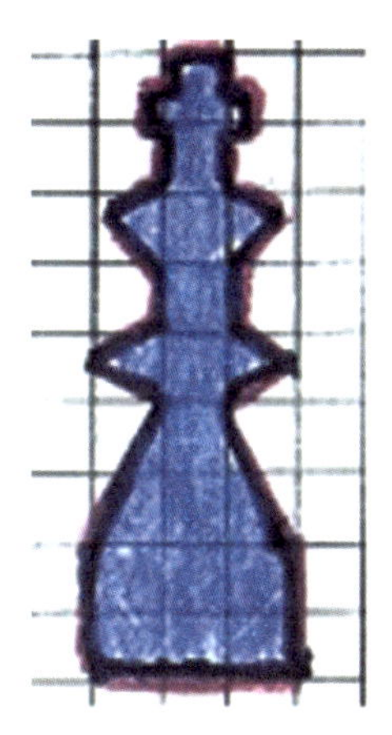

Essa atividade propõe o estudo da geometria plana por meio das projeções de objetos ou artefatos. Um exemplo da variedade de recortes e relações que podem ser feitos no conteúdo. Assim, nessa perspectiva, apresentarei outras atividades com o objetivo de aprofundar ainda mais a análise da geometria projetiva como um recurso para o estudo das transformações geométricas. Agora, as atividades terão uma relação entre as geometrias projetiva, plana e métrica. Da mesma forma que desenhamos as projeções dos objetos sobre um plano, para estudar os elementos e as relações dessa projeção, podemos também projetar do plano para o espaço formando vários tipos de sólidos. Confeccionar é uma ação que volta a ser aplicada mais uma vez com o uso do papelão da caixa de arquivo. Antes, porém, são feitas aproximações e simplificações da linha de contorno de cada objeto ou peça do jogo. O objetivo é facilitar a introdução das figuras regulares consideradas as mais essenciais para o cálculo da área, como é caso do quadrado, do retângulo, do triângulo, do trapézio e do círculo. Na ilustração a seguir, com o bispo, são trabalhadas duas possibilidades. Escolhi a simplificação na qual a cabeça do bispo é composta por um único triângulo.

Com essa experiência, o jogo entre a geometria projetiva, plana e métrica define uma série de atividades. O objeto é projetado no plano e sai dele por meio da confecção, passando a ser um novo objeto, um novo artefato. É o produto de um jogo de representações desde o desenho de observação até a busca de regularidades e simplificações das linhas.

Avançando um pouco mais, essas simplificações podem ser imaginadas antes do desenho de observação ou mesmo da confecção. Elas ocorrem no próprio processo fisiológico em que os raios de luz são projetados em nossa retina. Deformações e irregularidades estão sempre presentes em qualquer tipo de representação geométrica. Essa reflexão é importante para que o *erro* faça parte do processo de aprendizagem como um conteúdo a ser trabalhado, sobretudo quando os conceitos geométricos estão relacionados à medida e a confecções de objetos. Não podemos ficar preocupados com deformações e irregularidades que ocorrem nessas atividades. Temos, sim, de nos preocupar com os conceitos a serem ensinados no Ensino Fundamental e Médio, com uma estratégia que dê significado aos alunos, para que eles consigam relacioná-los com as experiências de vida e com outras áreas do conhecimento. A geometria euclidiana deve ser entendida como parte de um todo bem maior. A utilidade desse tipo de geometria tem de ser interpretada simultaneamente com suas limitações para que não fique sendo um modelo único de estudo. É preciso mostrarmos que a geometria euclidiana é um recorte não apenas da geometria, mas do conhecimento. E para isso é fundamental que se assuma uma abordagem diferenciada.

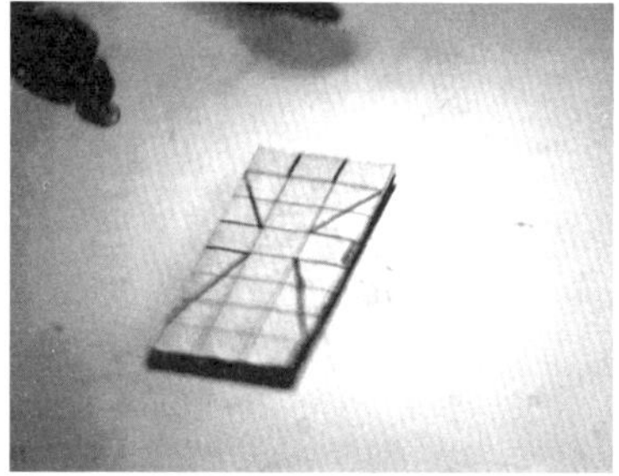

A confecção de silhuetas mais regulares permite a composição e a decomposição de figuras. Por exemplo, a formação da figura do rei pode ser construída por dois caminhos. No primeiro, mostrado nas fotos, o rei é desenhado e recortado de dentro de um retângulo quadriculado. Nesse processo, são subtraídos do retângulo quatro triângulos retângulos e dois quadrados. Outro caminho é o de adicionamos figuras em vez de as subtrairmos. Desse ponto de vista, o rei é formado com a composição de dois trapézios, dois retângulos e um quadrado, como indicado na ilustração abaixo. As figuras geométricas mais simples são estudadas para servirem de ferramentas em cálculos de áreas mais complexas por meio de um jogo de composição e decomposição de figuras. Este *é um procedimento bem antigo que pode ser investigado pela história da Matemática.*[6]

Criar e confeccionar a silhueta das peças do jogo de xadrez, de forma mais regular, proporcionam vários desafios. O jogo de composição e decomposição de figuras geométricas não é apenas um procedimento importante para o estímulo e o desenvolvimento do pensamento geomé-

[6] As três primeiras demonstrações apresentadas por Euclides nos livros I, II e VI já eram conhecidas pelos egípcios e sumerianos há dois mil anos. A última, apresentada no II Livro, é provavelmente de origem grega e muito mais recente. Referem-se todas à medição das áreas e naturalmente foram inspiradas pelo cálculo da superfície da Terra. Partindo da primitiva unidade de medida, o espaço plano contido em um quadrado, podemos mostrar como se calcula a área de um retângulo, pela soma de uma trama de quadrados e, também, como obter um retângulo duas vezes maior que um triângulo retângulo dado. Isso nos permite calcular a área de qualquer triângulo retângulo. (HOGBEN, 1952, p.139)

trico. Criar formas e confeccioná-las mobiliza ações relacionadas a imaginar, desenhar e analisar as figuras geométricas básicas que podem ser somadas ou subtraídas nas construções das mais variadas figuras.

Assim, as figuras geométricas, definidas no ensino de geometria como as mais básicas e essenciais, não são usadas apenas para o cálculo de área ou perímetro, mas também para outros procedimentos que ajudam a construir o conhecimento matemático.

É por meio da composição e da decomposição de figuras que podemos deduzir as fórmulas ou as regras no cálculo da área do triângulo, do trapézio e até do círculo. A forma de construir regras ou fórmulas nas aulas de Matemática é um dos procedimentos mais importantes e estratégicos para propormos novos caminhos na abordagem do conteúdo. A Matemática desenvolve, constrói ou aperfeiçoa as regras por meio das experiências. E as regras Matemáticas são uma síntese de experiências Matemáticas. Elas podem ser de caráter mais específico, como as encontradas no conhecimento matemático construído pelos egípcios, e geral, como as construídas por Euclides mediante axiomas e postulados. No ensino de Matemática, as regras, tanto gerais quanto específicas, devem ser mostradas em uma linguagem que possibilite indagações, reflexões e elaboração de vários problemas.

Não há uma sequência definida para o ensino das regras Matemáticas. Por exemplo, com base no formato da torre, da ilustração acima, podemos ensinar a regra euclidiana de que *"quando uma reta corta duas retas paralelas, os ângulos correspondentes formados são equiva-*

lentes"[7] ou, ainda, a regra de cálculo para a área da figura do trapézio identificado e extraído da torre. Para o caso de querermos explorar o conceito de retas perpendiculares e paralelas, projetamos os dois segmentos respectivos às duas bases dessa figura. Pela condição da própria definição de trapézio obtemos as retas paralelas. Agora, para verificarmos a regra citada, sobre as consequências de uma reta cortar duas paralelas, projetamos ou prolongamos os outros dois segmentos respectivos aos outros dois lados do trapézio que não são paralelos.

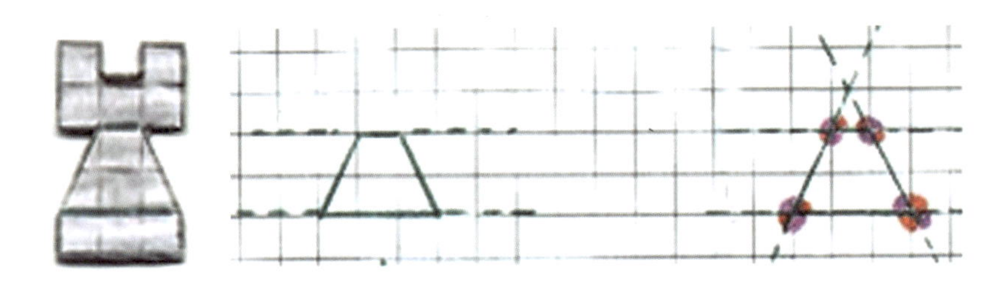

As comparações entre os ângulos são feitas tanto de forma qualitativa, por observação, quanto de forma quantitativa, por meio de medidas. As linhas e os ângulos são os elementos que definem as figuras geométricas. Percebemos isso ao analisarmos a forma de construção de qualquer figura ou linha fechada. Não importa se é com lápis, caneta ou com o mouse. No interior dessa linha, que forma a figura, temos uma superfície que pode ser medida. Utilizamos os conceitos já discutidos, nos Capítulos 3 e 4, relacionados a figuras mais regulares, como o quadrado e o retângulo. Nesse exemplo da torre, recortei o trapézio com o objetivo de mostrar que o processo de abstração é uma ferramenta para melhorarmos nossa análise em relação aos conceitos e à informação. No trapézio abstraído da torre, podemos estudar simul-

---

7 Regra euclidiana citada e desenvolvida pelo autor de *Maravilhas da matemática* (HOGBEN, 1952, p.135), no capítulo denominado "Euclides sem lágrimas".

taneamente as regras de duas retas paralelas cortadas por uma outra reta e a dedução da regra de cálculo da área dessa figura.

Para atingirmos o objetivo sobre a dedução, transformamos o trapézio em um retângulo. Para isso partimos do princípio de que os alunos já dominam a regra para calcular a área do retângulo. Se não houver esse domínio, inserimos tal informação durante a atividade. Ela não precisa ser também deduzida. O processo de dedução do cálculo de área pode ser estimulado em qualquer figura e assim devemos ter o discernimento, em razão do grupo de alunos em sala de aula, do que pode já ser definido e do que deve ser ainda deduzido. As retas paralelas derivadas das bases facilitam o procedimento para medir a altura do trapézio. Outras duas paralelas são desenhadas e projetadas no ponto médio dos outros dois lados.

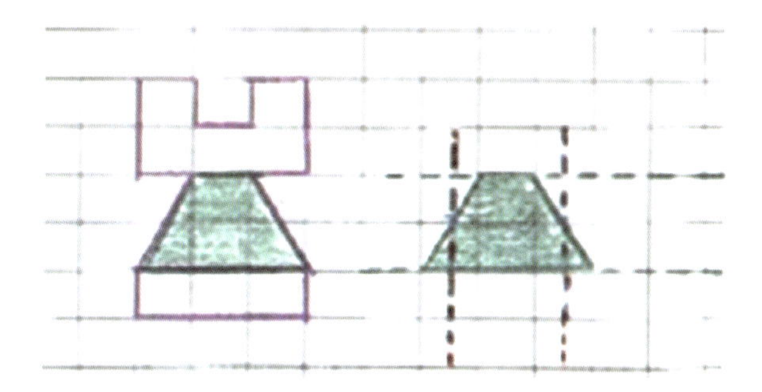

São formados quatro triângulos retângulos iguais. Dois na linha de cada base. Como em um jogo de quebra-cabeça, cortamos dois triângulos derivados dos vértices da base maior e encaixamos no espaço vazio dos outros dois formados pela linha da base menor.

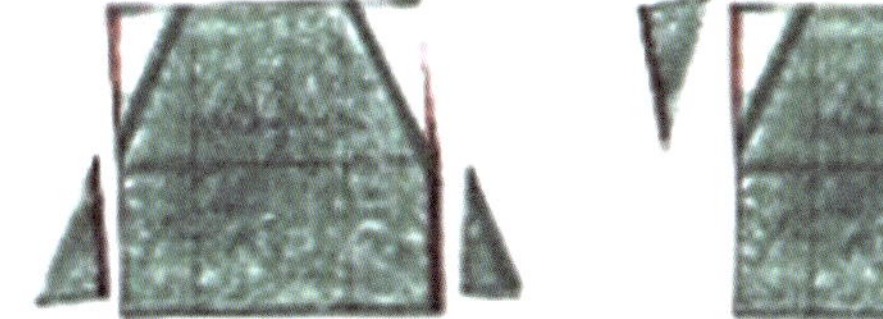
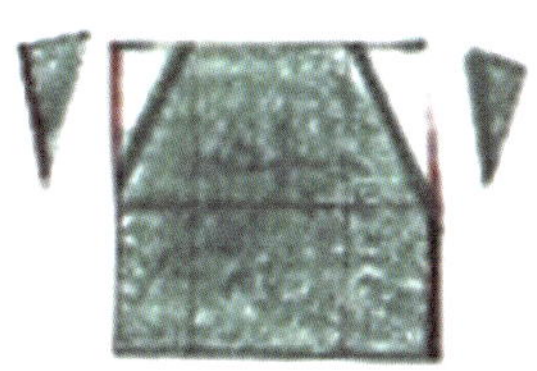
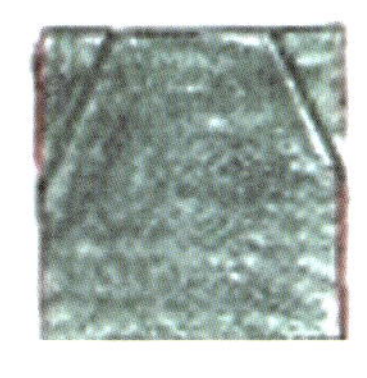

Assim, nesse exemplo, o trapézio transforma-se em um quadrado, que é um caso específico de retângulo. O comprimento da base maior de 3 cm e o da base menor de 1 cm passam a ter 2 cm. É o mesmo que somar a base maior pela menor e dividir por dois ou, em outras palavras, achar a medida média das bases.

Esse procedimento é feito com vários trapézios de medidas diferentes, com o objetivo de mostrar aos alunos que uma das formas de transformar um trapézio em um retângulo, conservando a medida da altura, é achar a medida média das bases. Feito isso, calculamos a área desse retângulo, nunca esquecendo que uma das medidas é a média das bases do trapézio, enquanto a outra é a altura.

Essas regras da geometria plana muitas vezes são identificadas em livros didáticos apenas em exercícios bem específicos. A atividade anterior é um exercício extraído de uma das projeções de um objeto que, no caso, é uma torre do jogo de xadrez. Não partimos só das figuras planas conhecidas e das regras euclidianas para o estudo das características da figura. Utilizamos um objeto, uma de suas projeções e as figuras que compõem essa projeção, abordagem que não exclui a geometria euclidiana, ao contrário, amplia-a para relacioná-la e aplicá-la em outros problemas. Aprender a lidar com as regras euclidianas é muito importante para o Ensino Fundamental de qualquer escola. Esse conteúdo desenvolve o pensamento lógico e dedutivo, essencial para o desenvolvimento do pensamento geométrico. O único problema é limitar os alunos a esse único tipo de geometria.

Na atividade anterior, relacionada com a confecção do trapézio, foi adotado um *procedimento euclidiano de dissecar figuras*. Dissecar é recortar ou escolher a parte do objeto ou da figura que será estudada. Ao cortarmos um objeto confeccionado com massa de modelar, passando o estilete, estamos dissecando *um objeto em outro*. Podemos cortá-lo em fatias e estas, por sua vez, em outros pedaços. O processo de dissecar, que é um bom método para estudar geometria, não deve ser feito só com figuras planas representadas na lousa ou no papel. Tem-se de mostrar que muitas figuras geométricas foram produto também de dissecações, até mesmo partindo de objetos produzidos pela natureza ou pelo próprio homem.

O triângulo é o caso limite do jogo de dissecar uma figura geométrica em outra. Qualquer figura pode ser decomposta em vários triângulos. É um método que facilita o estudo e justifica todo o enfoque dado a ele nos currículos escolares. O que não se pode deixar de mostrar são as conexões com os conteúdos que geraram essa metodologia. A maioria dos alunos estuda imensos capítulos sobre as propriedades dos triângulos sem entender que essas propriedades são consequência de um método de estudo com objetivos bem específicos, importantes e relevantes, desde que consigam estabelecer relações com outros aspectos mais gerais. O procedimento de dissecar a superfície das figuras em triângulos, para deduzir as fórmulas e as regras de cálculo para a área de cada superfície, mostra que um triângulo qualquer também pode ser dissecado em triângulos retângulos. Para esse triângulo bem específico há uma relação fundamental entre as medidas dos lados, generalizada por Pitágoras. Esse procedimento de dissecar com o objetivo de simplificar o estudo dos objetos e figuras permite reflexões que podem ser transmitidas ao aluno em atividades e experiências.

Dissecar é um dos procedimentos da confecção que possibilita novas soluções geométricas. Por exemplo, o problema de transformar o trapézio em um retângulo, já feito anteriormente, é estudado por meio de um corte feito em uma outra posição do trapézio. O corte pode ser perpendicular à base passando por um dos vértices da base menor. A principio parece mais simples do que o recorte já feito. A figura a seguir mostra o recorte em um trapézio de papelão, seguindo a linha pontilhada vermelha, no lado esquerdo da figura.

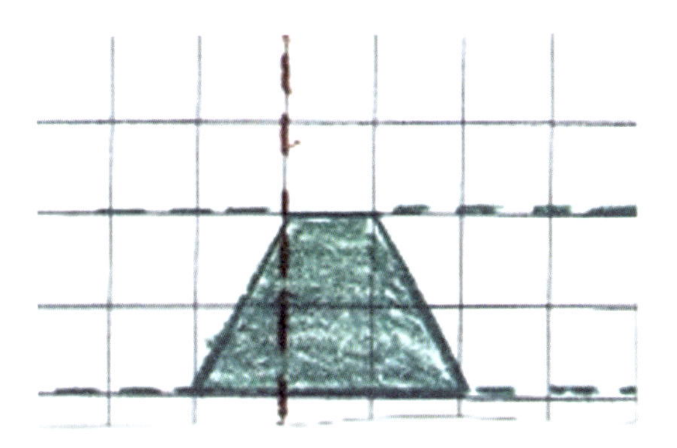

Sem levantá-lo do plano em que está apoiado, tentamos encaixar o triângulo retângulo no trapézio, agora não mais isósceles, para formarmos um quadrado.

 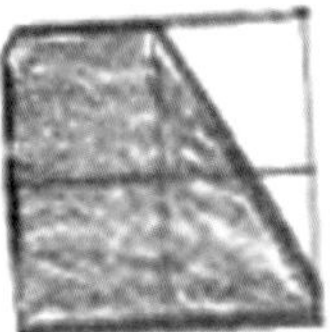  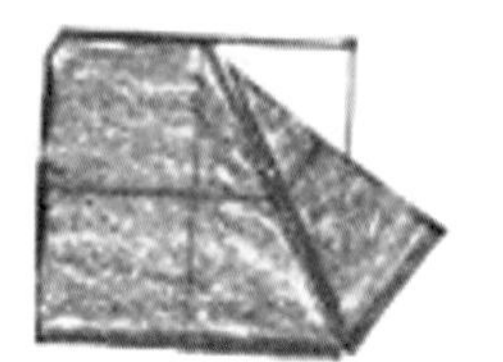

Trata-se de um encaixe que, de início, não dá certo, mostrando que a ação de recortar a figura ou confeccioná-la conduz a descobertas de detalhes importantes para o estímulo do pensamento geométrico. Trata-se de um problema que não é resolvido nas duas dimensões do papel, arrastando-se somente as figuras de um lado para o outro.

A solução só pode ser alcançada com um dos recortes sendo *virado ao contrário* à superfície de contato. Em outras palavras, uma das partes tem de sair do plano e girar no espaço, trocando o lado da superfície. Nesse caso há duas soluções.

Se tivéssemos apenas desenhado na lousa ou no papel poderíamos ter ficado com a *impressão* de que não seria preciso esse *tipo de manobra* para o encaixe. O ato de recortar, deslocar, encaixar e colar desenvolve a percepção geométrica em relação às formas e às posições dos objetos. Podemos retomar essa atividade desde o processo inicial de dissecarmos o trapézio da torre para logo a seguir transformá-lo em retângulo.

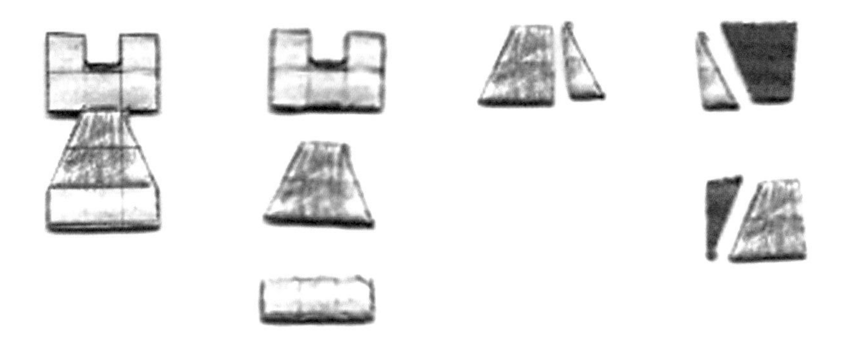

O que deve ficar claro na proposta de um laboratório de geometria, tendo o jogo de xadrez como recurso, são as conexões possíveis com o conteúdo das atividades e dos experimentos. Explorar as regras euclidianas de duas retas definidas como paralelas, cortadas por uma terceira, não exclui que, concomitantemente, seja explorado o conceito de área, de perímetro, de volume, de proporção e de projeção, entre outros conceitos importantes da Matemática.

O conceito de perímetro é bastante interessante para ser introduzido também com o objetivo de desenvolver a habilidade de medidas. Em todas as figuras empregadas, o contorno pode ser fragmentado em vários segmentos. Para medir é necessário apenas uma boa régua de plástico de 30 cm.

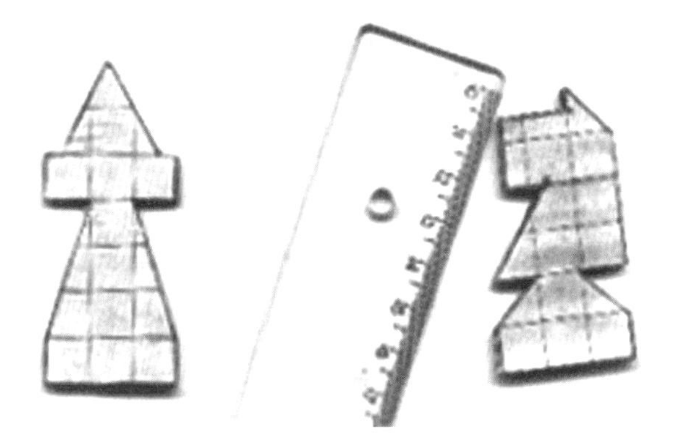

Além disso, podemos calcular a área e o volume de cada face. Para este último, é só multiplicar a área da face pela espessura do papelão recortado. Se utilizarmos mais do que uma face, na confecção de cada peça, então multiplicamos o número de faces pelo volume de uma única face. Nesse caso, estaremos calculando o volume médio da peça, pois sempre há uma variação nas espessuras. Outro caminho é medirmos a espessura total formada depois de colarmos uma face sobre a outra. Dessa forma, com dez ou com uma face, aplicamos a regra para o cálculo do volume dos prismas retos. Cada face da peça do jogo confeccionada, por exemplo o bispo e o cavalo da figura anterior, é um prisma reto, recortado, no formato da peça. Esse é um conceito importante para desenvolvermos e aplicarmos a composição e a decomposição dos sólidos. Grande parte desse trabalho já foi apresentado no Capítulo 4, no entanto cabe sempre a um laboratório com objetivos educacionais permitir que os experimentos possam ser refeitos com enfoques diferenciados.

Cada face ou pedaço do papelão retangular recortado é um paralelepípedo com alguns milímetros de espessura. Desse ponto de vista, ao recortarmos a face de cada peça, como é caso do rei na ilustração a seguir, temos simultaneamente a composição e a decomposição tanto da área de uma figura quanto do volume de um sólido. No plano, ou do ponto de vista *da planta* da peça, temos triângulos e quadrados, mas, se considerarmos a espessura, definiremos como prismas triangulares e pequenos paralelepípedos, todos consequência dos recortes de outro paralelepípedo maior. Essa atividade é essencial para mostrarmos que muitas definições geométricas estão em *função de uma projeção ou de um ponto de vista adotado durante o estudo ou a observação.*

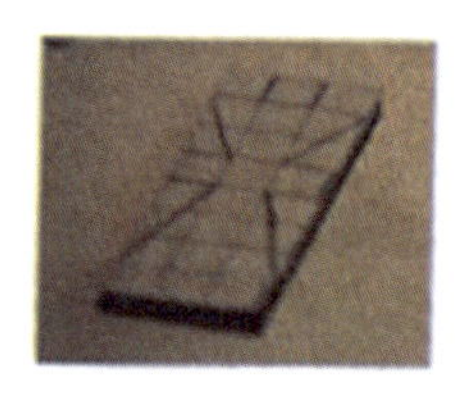

Observar o que acontece quando uma reta corta duas retas paralelas não deve dissociar-se de outras habilidades, como a de desenhar, dissecar, confeccionar, imaginar e criar. Não basta apenas acharmos importante e necessário. É preciso que *algo* auxilie o professor a abordar o conteúdo dessa forma para que não se isolem os conceitos e procedimentos em capítulos ou em um conjunto de exercícios. Por isso, o conceito de recurso precisa estar bem definido. E qual recurso permite estudar formas e movimentos? No jogo de xadrez, além das formas das peças, a projeção de seus movimentos também produz formas, como vimos no Capítulo 3. Por onde começar? Pelo volume das peças? Pela área de projeção da forma de cada peça? Pela área ocupada nas projeções dos possíveis deslocamentos das peças? O que extrair de cada situação ou experiência? Conceitos específicos de geometria euclidiana? Ou conceitos mais gerais sobre o desenvolvimento da geometria? São muitos caminhos e relações para a aprendizagem dos conceitos geométricos.

Um tema, ou um capítulo da Matemática deve estar sempre sendo relacionado a muitos outros. Especializar-se em algum tópico não significa se isolar de todo o restante. Já vimos que o estudo da geometria projetiva auxilia o aprofundamento dos conteúdos específicos da geometria plana com ações mais reflexivas. Para o caso da geometria métrica, ou dos sólidos, que é estudada segundo os princípios euclidianos, podemos também estabelecer um jogo com a geometria projetiva para estimular a imaginação e a criatividade. Projetamos as peças no plano por meio da sombra ou do desenho. Disso, recortamos a face de cada peça e a transformamos em novas peças do jogo de xadrez. Introduzimos palitos na base das peças e construímos um tabuleiro com as casas furadas bem no centro para os encaixes.

Um tipo de geometria que também pode ser introduzida nessa parte é a *geometria analítica*. Com noções bem rudimentares, podemos introduzir o método desta importante geometria, mostrando o *conceito de coordenada* tanto na localização das peças quanto no processo de confecção. No caso da localização, usamos as letras e os números para também mostrar a ideia de como são construídos os códigos na Matemática. A coordenada serve de exemplo para isso. Na figura acima, os dois reis podem ser localizados, utilizando-se letras para as colunas e números para as linhas. Assim, a posição do rei branco pode ser descrita na casa A1 e a do rei preto na C3.

As noções da geometria analítica, como método para estudar a geometria no plano,[8] podem ser desenvolvidas no Ensino Fundamental também como um recurso para confeccionar peças e objetos como na ilustração da figura a seguir que mostra o corpo do bispo, um trapézio, construído no plano cartesiano.

---

8 "Enquanto Desargues e Blaise Pascal inauguravam o novo campo da geometria projetiva, Descartes e Pierre Fermat estavam concebendo as ideias da moderna geometria analítica. Há uma diferença fundamental entre essas duas matérias, sendo a primeira um ramo da geometria e a segunda um método da geometria". (EVES, 1992, p.16)

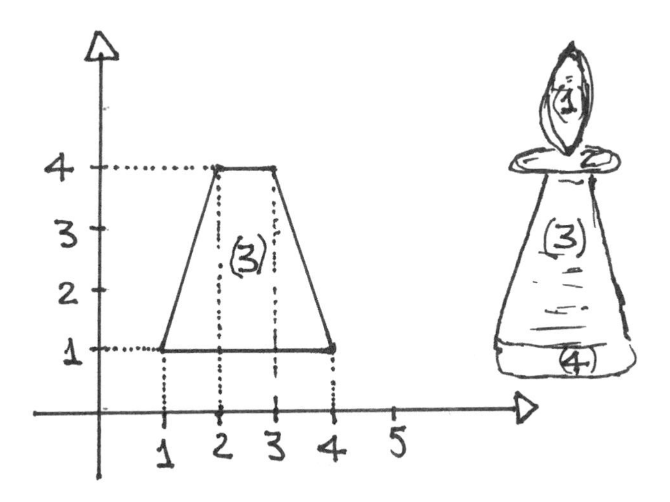

A diferença de uma geometria para outra não pode causar dificuldades nas relações entre os conteúdos. Aliás, é por meio dessas relações que podemos construir melhor os conceitos, indicando as diferenças e os aspectos mais comuns das várias geometrias. O ensino de Matemática muitas vezes com o objetivo de aprofundar uma ideia, eleita como importante em um programa ou currículo, erra por não apresentar ao aluno simultaneamente contrapontos aos conceitos que estão sendo aprendidos. No Ensino Médio, a geometria analítica e a geometria métrica são ensinadas sem a construção de atividades que possibilitem conexões entre esses dois importantes conteúdos. As noções básicas da geometria projetiva não são exploradas para ajudar tais conexões.

Produzir e recortar as figuras do plano para depois deslocá-las no tabuleiro, que no caso é outro plano, mostram que a confecção é um processo que ajuda a estudar os objetos e suas projeções. Vemos apenas as partes das coisas que nos rodeiam e essa limitação instiga nossa imaginação. Nossos sentidos reduzem e definem o modelo que utilizamos em nossa mente para interpretar o mundo. O conteúdo de geometria é parte dessa interpretação com reflexões bastante significativas, quando o relacionamos com o que definimos como dimensão. *Estar em outra dimensão* não é apenas uma frase para ironizarmos algumas situações que parecem não pertencer ao nosso mundo. A confecção e o desenho são dois mundos ou dois universos. No primeiro, há três dimensões e no segundo, no máximo duas. Esses dois mundos enriquecem os conceitos geométricos e permitem relações interessantes com outras áreas do conhecimento, como a ficção.

Os personagens descritos por Abbott em Flatland[9] têm só duas dimensões. São formas em um mundo em que tudo está *prensado* no plano, e todas elas são percebidas ou vistas nesse lugar como segmentos ou linhas. Você já se imaginou viver em duas dimensões? Uma pergunta que estimula a imaginação em uma aula de geometria. As figuras recortadas do papelão, com uma única face, girando, são bons modelos para entendermos as noções da geometria projetiva descritas por esse autor. A sequência de figuras a seguir ilustra bem essa ideia.

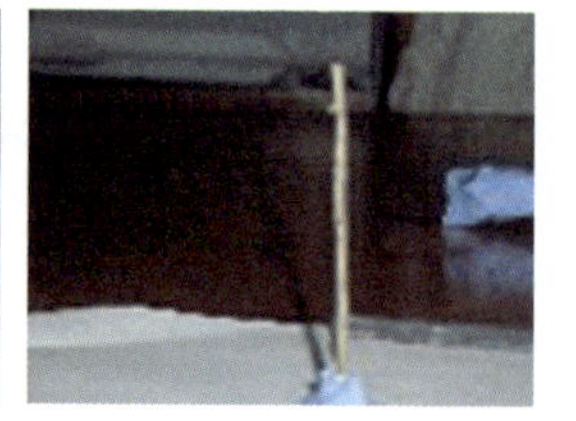

A peça recortada tem espessura e seu volume pode ser aumentado com o aumento do número de faces. Assim, produzimos mais um tipo de peça diferente do que foi apresentado no Capítulo 4.

---

[9] "Colocai uma moeda sobre uma das vossas mesas do Espaço e, inclinando-vos sobre ela, observai de cima. Vereis um círculo.

Colocai-vos depois no bordo da mesa e, baixando-se progressivamente (o que vos aproximará cada vez mais da condição em que vivem os habitantes da Flatland), vereis a forma da moeda tornar-se cada vez mais oval, e, finalmente, quando os vossos olhos estiverem exactamente ao nível da mesa (como se fôsseis na realidade um habitante de Flatland), verificareis que a moeda deixou de vos parecer oval e se transformou, tanto quanto podeis ver, num segmento de recta." (ABBOTT, 1993, p.22)

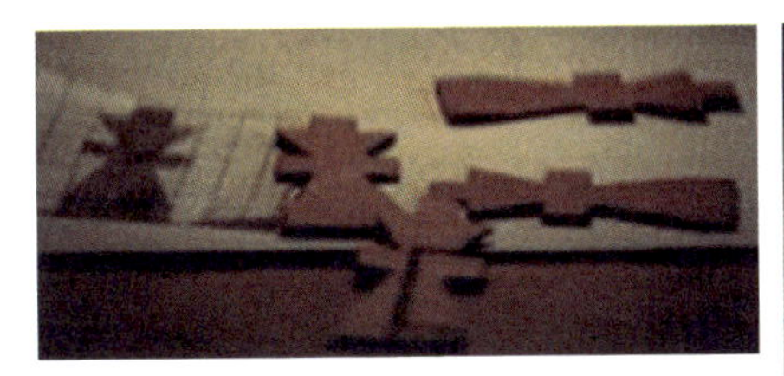

Apesar de existirem muitas possibilidades, a construção apresentada anteriormente é o método mais simples e mais usado para se produzir sólidos com base em figuras planas. Um quadrado pode se transformar em paralelepípedo ou em cubo, um círculo, em um cilindro, e assim por diante. Recortamos a face das peças e sobrepomos uma sobre a outra produzindo prismas. No caso, são prismas retos, já que as arestas laterais são perpendiculares ao plano da base. Essa análise de certa forma já foi feita no Capítulo 4, só que agora mostramos que o formato das peças pode ser mudado. E para isso empregamos noções e conceitos da geometria projetiva como um desafio para estimularmos a criatividade e a percepção estética.

Podemos construir vários modelos de peças com base em diferentes projeções de uma única peça, o que demonstra que *a criação* de outras formas é auxiliada pela experiência e pelo conhecimento acumulado por meio do trabalho realizado nas primeiras confecções. Projetamos, desenhamos, formatamos e combinamos as projeções de cada parte da peça para logo a seguir as recortarmos para a construção final. Podemos *escolher vários caminhos* no processo de produção e confecção de uma mesma peça. As formas das peças podem ser sempre transformadas e a estética é um dos campos do conhecimento para essa transformação que ajuda a qualidade do trabalho. Na ilustração a seguir, apresento o resultado de três caminhos desenvolvidos até aqui na confecção do rei. O rei situado à direita dessa ilustração já foi apresentado no Capítulo 4.

Todo esse trabalho não tem apenas o objetivo de desenvolver o procedimento de como se calcula perímetro, área e volume. Esses importantes conceitos e seus significados interagem com os exercícios de composição e decomposição, tanto das figuras quanto dos sólidos, desenvolvendo também a habilidade de poder transformar o que já foi produzido, revendo a qualidade do trabalho e criando novas alternativas.

Muitas dessas alternativas são decisões que caberão ao professor e dependerão do que está sendo desenvolvido para que ocorram as possíveis conexões no conteúdo de Matemática. O professor deve se concentrar no que já *foi descoberto* e compreendido pelos alunos.

Todos os processos desenvolvidos durante essa proposta de um laboratório de geometria podem estar presentes simultaneamente em várias atividades. Podemos voltar a usar a massa de modelar para estudar o volume de cada peça. Dessa vez, para mostrar a relação bem interessante de manter o volume constante de um objeto, variando apenas sua forma. As atividades do Capítulo 4 estimularam a construção da regra para o cálculo do volume de um prisma reto. Disso, podemos construir com a massa de modelar tanto um paralelepípedo quanto um cilindro com medidas aleatórias.

Começamos a experiência com o paralelepípedo em um desafio divertido de transformá-lo na forma de um cavalo do jogo de xadrez, ou um rei, um bispo ou outra peça qualquer. Medimos o comprimento, a largura, a espessura desse paralelepípedo e calculamos o seu volume. Logo a seguir, com a mesma quantidade de massa de modelar, sem retirar ou cortar pedaços para que as transformações sejam contínuas, construímos um peão e o transformamos em um rei. São transformações que, além de serem divertidas, ajudam a construir o conceito de volume.

Outro caminho é partirmos de uma peça que já foi confeccionada com papelão e teve seu volume calculado. Assim, com massa de modelar, reproduzimos seu formato e a transformamos em um paralelepípedo. Logo depois calculamos o volume desse paralelepípedo e o comparamos com o da peça confeccionada em papelão, para verificarmos se conseguimos obter o mesmo volume.

Trata-se de trabalho de estimativa e ajuste de medidas para obtermos o volume desejado. Mais uma vez explora-se o capítulo de medidas, números decimais, razão e proporção, construindo o aprendizado dos conceitos matemáticos mais fundamentais como recursos ou ferramentas que podem ser usados em nosso cotidiano. É um processo que pode ser usado para produzir qualquer tipo de objeto ou peça. Dependendo do objetivo, podem-se construir numerosas derivações. Uma delas está diretamente relacionada ao modo de abordar os sólidos geométricos.

O jogo de xadrez é nosso objeto de estudo. Só que com uma preocupação que vai além da confecção, pois é um jogo lógico já ensinado ou que já foi aprendido, e cujo contexto é maior do que estimular o pensamento geométrico somente pela confecção. Também faz parte do projeto desenvolver esse pensamento por meio das posições e dos movimentos das peças e das relações possíveis entre elas. O que está sendo confeccionado não são objetos sem nenhuma relação, mas partes de um jogo lógico, milenar, que diverte e desafia com seus problemas. As peças, depois de confeccionadas, deslocam-se e surgem outros problemas que desafiam novamente o pensamento geométrico. O desafio geométrico não é mais apenas o *encaixe das formas* durante a confecção, *mas também o encaixe para se obter* a melhor posição das peças durante o jogo. É como se as formas, depois de confeccionadas, passassem a ter vida própria.

4. Outros tabuleiros, outras consequências geométricas

As formas não são precisas nem nas projeções nem nas confecções. O plano é uma idealização. Não há um corte perfeito no papelão ou na massa de modelar. Podemos ter a impressão de que as faces cortadas são planas. É uma ilusão semelhante ao que ocorre no desenho ou em outro tipo de projeção no plano. Transformar um paralelepípedo em outra peça como um bispo ou um cavalo do jogo de xadrez, com massa de modelar ou qualquer outro material, propicia várias reflexões relacionadas ao pensamento geométrico. Com os dedos, deformamos o que em outras situações nos dá a impressão de ser plano. A confecção revela-nos que a irregularidade e a regularidade são definições que dependem da posição do observador e dos seus instrumentos.

Certo dia, em nossa história, muitos homens acreditaram que nosso planeta era plano. Estavam presos ao senso comum das experiências que não permitiam desconfiar das definições já estabelecidas. Essa dificuldade de compreensão de que não existem *verdades absolutas* não está apenas relacionada à quantidade e à qualidade da produção de conhecimento, mas está também diretamente associada aos valores que definem o modo como os homens o utilizam. A escola ainda é uma instituição presa a definições que não respondem mais à realidade em que estamos inseridos.

Para esse tipo de problema, o currículo de Matemática deve ser objeto de estudo. Todo o conteúdo do ensino de geometria está concentrado apenas no modelo euclidiano. Em outras palavras, estamos condicionados ao estudo de um mundo plano. Fazer essa crítica não significa excluir as excelentes conquistas de ensinar geometria euclidiana para a população, mas sim conectá-las a outras conquistas que também são relevantes e podem ajudar a melhorar a qualidade das aulas e do currículo de Matemática.[10]

A confecção do jogo de xadrez proporciona experiências que auxiliam no desenvolvimento do conteúdo da geometria euclidiana com relações e interfaces que desafiam as definições estabelecidas. No Capítulo 3, estudamos os movimentos das peças e suas projeções sobre o plano que, no caso, é um tabuleiro. Produzimos as mais variadas formas, inclusive polígonos. Quais seriam as consequências, se a superfície não fosse plana? *Que tal um tabuleiro esférico?*[11] Em sala de aula muitas vezes é difícil mostrar as consequências dos movimentos, das projeções, dos desenhos e das relações geométricas em superfícies não planas, isto é, as noções da geometria não euclidiana. Experiências com movimentos e projeções das peças do jogo de xadrez sobre um tabuleiro esférico ou com o formato da faixa de Moebius possibilitam que sejam introduzidas essas noções, que ampliam o pensamento geométrico, em linguagem bem acessível.

---

10 "Nossa geração presenciou uma verdadeira revolução no conceito clássico de geometria. Hoje, associamo-la principalmente aos nomes de Ernst Mach e Einstein. Já sabemos que a geometria de Euclides não é a que melhor nos faculta a medição do espaço. Isso não quer dizer que não seja, ainda, um conhecimento útil. Sempre e ainda o é. As novas descobertas mostraram apenas que ela tem suas limitações." (HOGBEN, 1952, p.123)

11 "A maior parte dos tabuleiros que vimos aqui é plana. No entanto, quando a Matemática entra em jogo, aparece toda uma classe de tabuleiros singulares. Com algumas adaptações geométricas e topológicas, podemos facilmente transformar o tabuleiro normal (clássico) em uma série de outros, de formas fantásticas. Por exemplo, cilíndrico, esférico, toroidal, conoidal e até em folha de Moebius (é só dar uma torção de meia-volta ao tabuleiro normal e colar suas bordas). Em uma das exposições de artistas vanguardistas podia ver-se até um tabuleiro esférico." (GUIK, 1989, p.69)

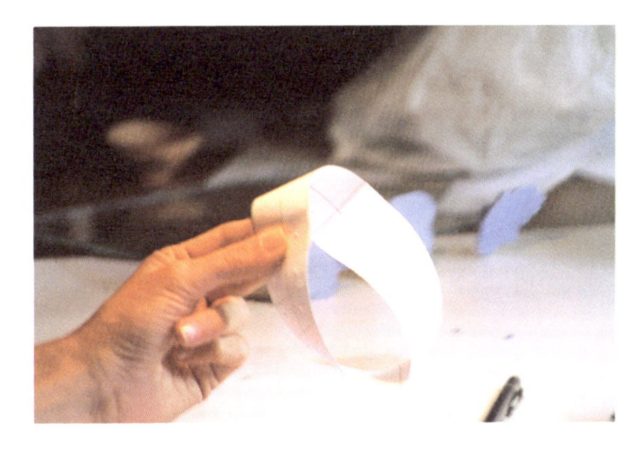

No entanto, não basta mudar a forma do tabuleiro. É preciso que as peças se ajustem às novas superfícies para que possam ocorrer os movimentos e as novas projeções. Em uma das confecções já feitas, utilizei palitos na base das peças em tabuleiros com as casas furadas no centro. Esta é uma ideia que ajudará os deslocamentos das peças sobre os vários tipos de superfície.

Nem todos os tamanhos de peças facilitam demonstrações sobre tal tipo de superfície. Reduzir o tamanho das peças é uma opção que facilita o deslocamento e a observação. Uma peça reduzida pode ser deslocada pelo espaço, com mais facilidade, para ser observada de vários pontos de vista. Semelhança é um importante capítulo da geometria euclidiana que serve de ferramenta para essa redução, pois trata-se de conceito clássico da Matemática que, nesse caso, pode ser aplicado para ajudar a mostrar outros conceitos não clássicos. Novamente podemos utilizar o *conteúdo de Matemática já conhecido* para propiciar novas experiências, para ampliá-lo ou mesmo questioná-lo.

A superfície cilíndrica pode ser também explorada e tem consequências geométricas importantes, não só em relação à dinâmica do jogo, como também nas projeções das casas ameaçadas pelas peças. Para isso, vamos imaginar o seguinte problema: em um final de jogo, as brancas têm uma rainha e um peão, enquanto as pretas têm apenas uma torre. As pretas colocam sua torre na frente do peão como indica a ilustração.

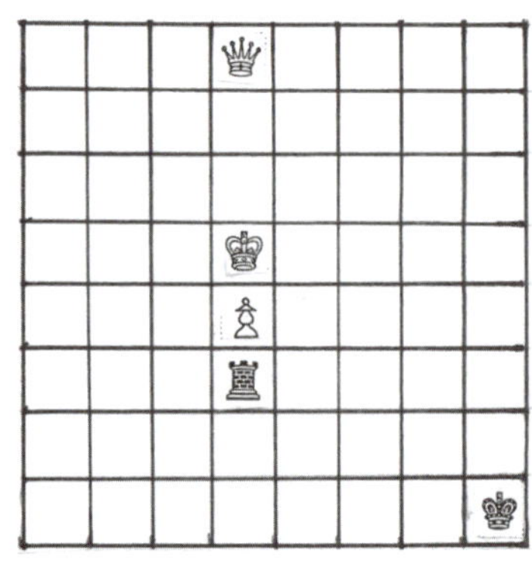

No tabuleiro plano, é mais uma tentativa de reação das pretas, enquanto no tabuleiro cilíndrico a jogada é fatal para as peças brancas. Nessa nova condição do tabuleiro, a torre ameaça a rainha, que não pode ser deslocada (o rei ficaria em xeque). Qualquer tentativa das brancas não tem como evitar a perda da rainha. Nas duas soluções possíveis de transformarmos o tabuleiro plano em cilíndrico, uma delas mostra as pretas, que estavam em desvantagem, passando a ter vantagem. Pintar a projeção da torre facilita a visualização e a relação da nova dinâmica nessa experiência.

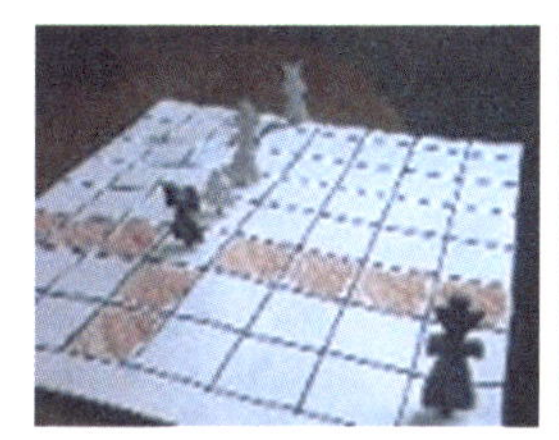

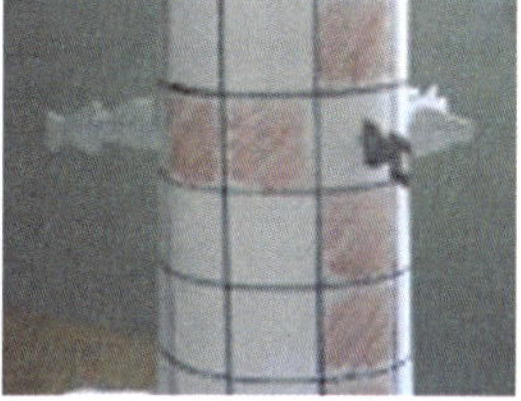

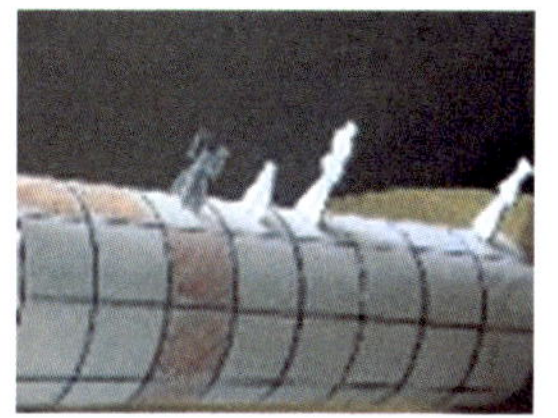

No plano, as projeções das casas ameaçadas pela torre formam *faixas* perpendiculares. Já na superfície cilíndrica, tais projeções terão duas consequências: uma projeção formará um *anel* e outra perpendicular a esse anel formará uma faixa que não se fecha.

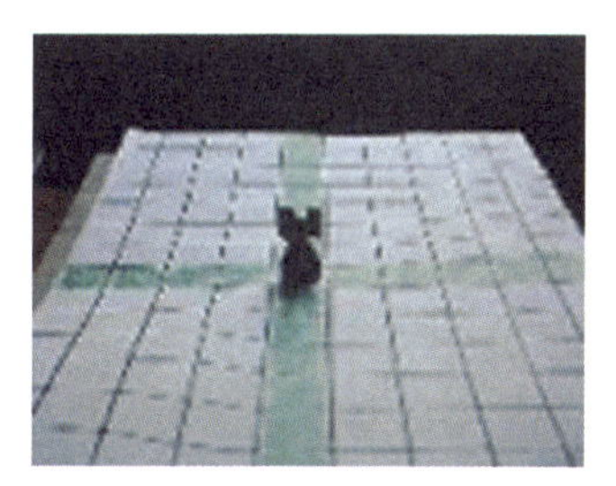

Esse tipo de experiência leva a uma sequência de atividades que possibilita simulações com outros artefatos que se deslocam em superfícies não planas. Os barcos são bons exemplos. Para essa atividade, adotamos procedimento semelhante ao anterior. Desenhamos, reduzimos e confeccionamos a peça com um palito na base para encaixar na superfície.

  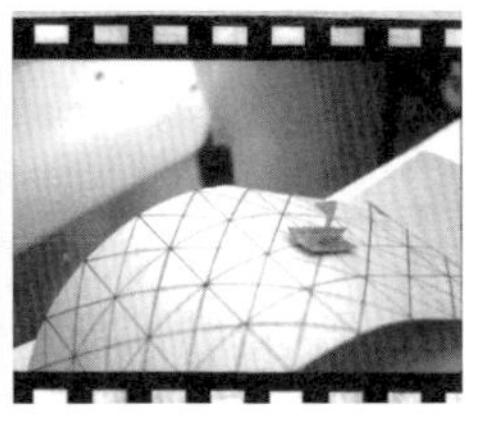

A estrutura desse problema é igual ao que foi feito anteriormente com a torre. Mudam forma e representação. A torre, o bispo, a rainha, o peão ou o rei podem ser substituídos pelo formato de um barco. O tabuleiro, nesse caso, representaria o mar. Para melhorarmos o modelo do problema acrescentamos um pedaço de massa de modelar, em uma das casas do tabuleiro, em mais um jogo de representação. Esse pedaço de massa de modelar é definido como uma ilha nessa pequena maquete para o estudo do movimento dos corpos sobre uma superfície semicilíndrica. Ela passa a ser uma peça fixa para dar referência ao movimento, ao deslocamento da peça na forma de barco que se desloca em sua direção. Uma das ideias que podem ser exploradas na atividade é o conceito de *linha do horizonte*.

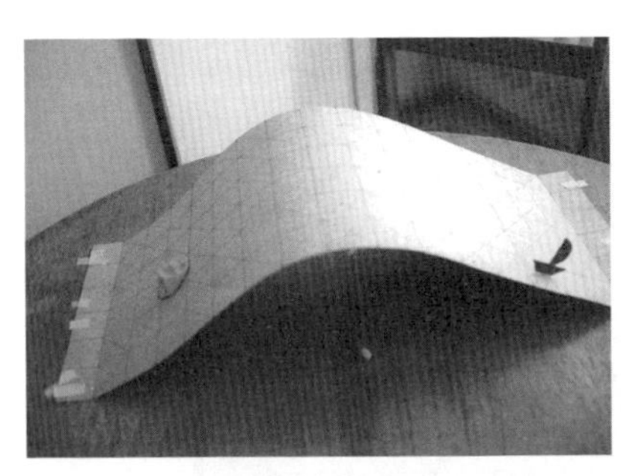 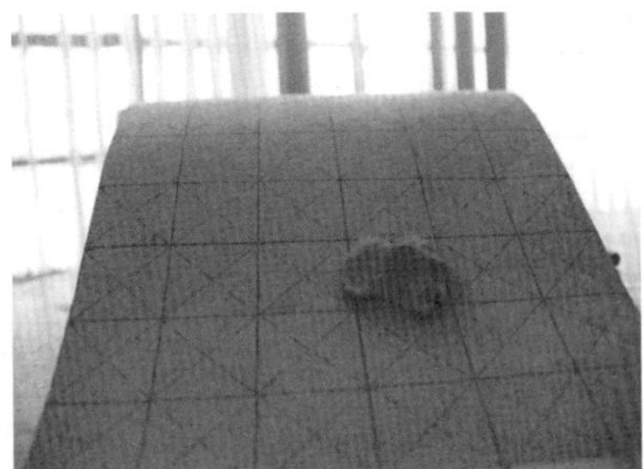

A estrutura do jogo de xadrez permite várias estratégias no estudo de geometria. As peças do jogo são boas ferramentas para estudarmos as consequências geométricas dos movimentos dos corpos sobre superfícies não planas. Principalmente com peças como a rainha, o bispo e a torre, que têm grandes projeções em seu movimento.

Vimos, no Capítulo 3, que a torre serve como um instrumento para mostrarmos o *ângulo reto* e, portanto, a *visualização* das linhas perpendiculares e paralelas.

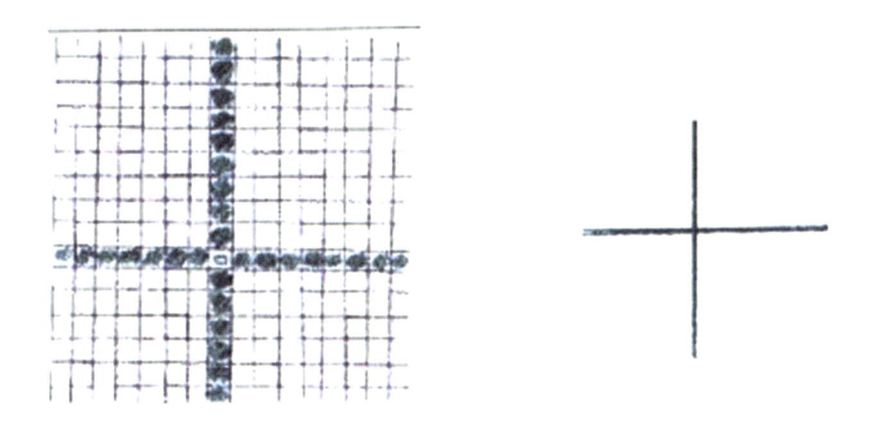

A partir daí, usamos uma folha de papel sulfite. A folha é colocada sobre um pedaço de papelão, de caixa de arquivo, e nela espetamos a torre em qualquer ponto (para facilitar podemos trocar o palito por alfinete). O desafio será riscar a projeção do possível movimento da torre.

Apesar de não existirem casas quadriculadas, consideraremos a estrutura da projeção do movimento da torre que, no caso, forma faixas ou linhas perpendiculares sobre o tabuleiro. Uma transposição didática com o objetivo de ilustrarmos a projeção de linhas e faixas perpendiculares em outras superfícies. Assim, podemos riscar com uma régua uma das direções escolhidas, ao acaso, para o deslocamento da torre, para logo depois construirmos a linha perpendicular a essa primeira direção.

Continuando a atividade, deslocamos a torre sobre uma das duas projeções iniciais desenhadas sobre o papel sulfite. Fazemos isso dando pequenos passos, de alguns centímetros, repetindo o mesmo processo de desenharmos as projeções da peça, mantendo sempre uma delas coincidente a uma das duas projeções anteriores. Dessa forma, surgirão várias linhas perpendiculares à linha em que a torre se desloca. A partir daí também surgirão linhas paralelas.

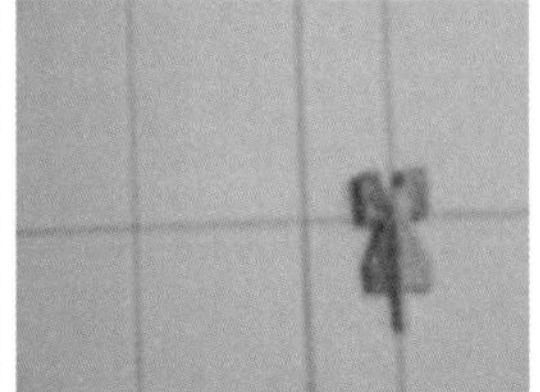

A sequência desse procedimento transforma-se em um jogo de construir paralelas e perpendiculares que, por consequência, possibilita a construção de uma malha quadriculada. A torre passa a ser um tipo de instrumento que projeta linhas perpendiculares.

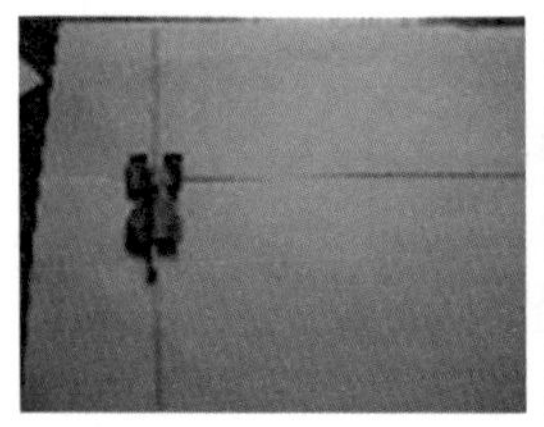

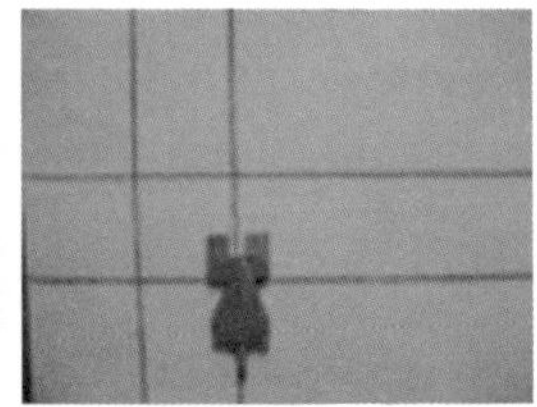

O que acontece se a colocarmos sobre uma superfície cilíndrica com o mesmo objetivo? Construiremos a mesma malha quadriculada feita no plano com a diferença de que parte das linhas da malha se fecharão. A própria atividade de transformamos o tabuleiro plano em cilíndrico mostra essas consequências geométricas. As linhas que se fecham em circunferências mantêm a propriedade geométrica de continuarem sendo paralelas. Tal experiência deve ser feita, porque mostra que mudar uma propriedade geométrica não significa que todas as outras devem ser alteradas; além disso é sempre divertido tentar desenhar linhas paralelas sobre uma superfície cilíndrica.

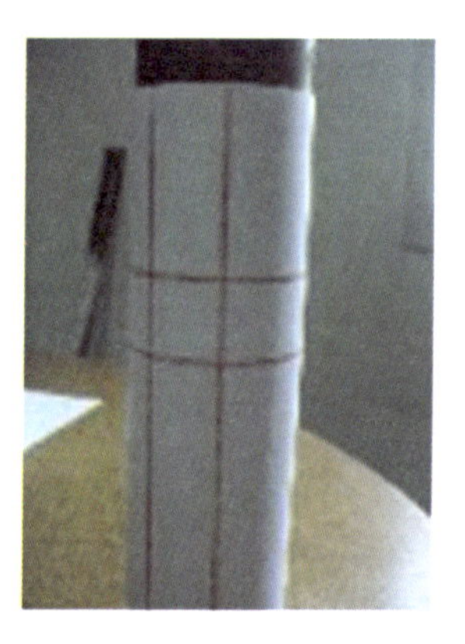

O problema fundamental para as noções da geometria não euclidiana surge com a superfície esférica. E nela podemos explorar os elementos que revolucionaram a forma como a geometria pode ser abordada. Uma revolução que interferiu na produção do conhecimento matemático, mas ainda não chegou ao currículo escolar. Mas antes dessa análise, vamos experimentar construir uma malha quadriculada sobre uma superfície esférica com a *nossa ferramenta de projetar linhas perpendiculares que, no caso, é a torre.*

Nessa experiência, vou utilizar a metade de uma bola de isopor, uma caneta de retroprojetor e uma régua de plástico bem flexível ou uma tira de plástico que encurve com facilidade. Desenhar uma malha quadriculada sobre uma superfície esférica proporcionará uma das reflexões mais importantes deste trabalho.

Para a aprendizagem dos conceitos geométricos necessita-se sempre de várias interações. A confecção auxilia a perceber *algumas regras geométricas* difíceis de ser interpretadas por outros meios. Apenas os estímulos visuais, proporcionados por algumas experiências, não garantem a qualidade do desenvolvimento da percepção geométrica. É a ação de tentar desenhar a malha quadriculada sobre uma semiesfera, ou esfera, que desafiará nosso senso comum. Começamos essa atividade com o mesmo procedimento que utilizamos em relação ao plano e ao cilindro.

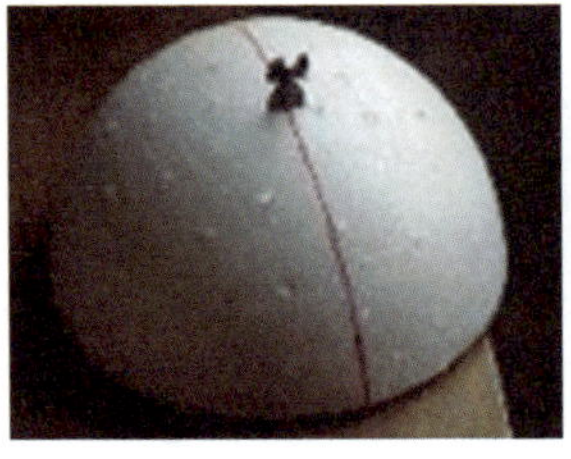

A régua flexível facilita a projeção das linhas *imaginárias* do possível movimento da torre sobre a superfície esférica. Repetimos os mesmos passos feitos anteriormente nas outras duas superfícies. A superfície esférica não permite que os resultados sejam iguais. Apesar de iniciarmos o desenho com duas linhas perpendiculares a uma terceira, como foi feito anteriormente no plano, na projeção acabam não ficando paralelas e convergem a um único ponto que definimos como polo.

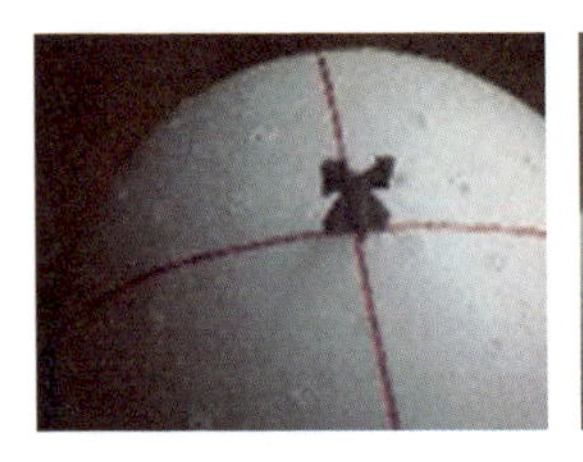

Essa consequência geométrica não é importante apenas para a história da Matemática, mas, sobretudo, para a educação, se soubermos abordá-la. É nessa abordagem que está o desafio das possíveis conexões a serem feitas. O encontro das linhas no polo da semiesfera *mostra* que algumas regras euclidianas não são válidas para determinadas superfícies. Isso não exclui necessariamente as outras regras e muito menos os procedimentos lógicos e dedutivos do importante sistema euclidiano.

Os *axiomas e postulados* desse sistema podem ser interpretados como *regras de um jogo*.[12] Além disso, podem ser também compreendidos como termos equivalentes, apesar de Euclides fazer uma distinção. Para Euclides, enquanto os axiomas eram noções, os postulados eram entendidos como fatos reconhecidos sem a necessidade de demonstração. Os dois termos podem ser substituídos pela ideia de *premissa,* já que todo seu sistema está construído no sistema lógico-dedutivo.

A forma de lidar com as premissas ou axiomas é influenciada por novas descobertas e experiências que interferem na construção dos conceitos. As experiências alteram os conceitos e os termos que foram elaborados para descrevê-los. O conceito de reta é um bom exemplo para isso. Sendo entendida como a definição Matemática de um caminho mais curto entre dois pontos, as experiências em superfícies não planas obrigaram a se criar o termo *geodésica*. Ela pode ser mostrada na experiência de projetarmos o movimento da torre em superfícies não planas. Uma linha curva pode ser decomposta em vários *pequenos segmentos de reta*. A *reta* passa a ser apenas um caso específico da geodésica. Dessa forma, fica demonstrado que as experiências têm mais relevância que os termos e isso não significa falta de rigor.

A experiência de construirmos um tabuleiro de xadrez sobre uma superfície esférica mostra que duas retas perpendiculares a uma terceira *nem sempre* são condição suficiente para que essas duas sejam paralelas. Abordar essa consequência geométrica tão importante para história da geometria pode ficar sem significado, se não tivermos um

---

[12] "Um tal esquema lógico-dedutivo pode ser comparado a um jogo, e os axiomas do esquema são regras do jogo. Quem quer que brinque com jogos, sabe que se pode inventar variações diferentes de jogos dados, e as consequências serão diferentes. Uma geometria não euclidiana é uma geometria jogada com axiomas que são distintos dos de Euclides." (DAVIS e HERSH, 1985, p.250)

recurso que consiga desafiar o aluno e mostrar-lhe o problema de uma forma acessível. Na verdade, o problema tem de ser construído a partir de procedimentos desenvolvidos em outras atividades. Saber projetar o movimento das peças sobre o plano é um deles. Aprender a observar as relações dessas projeções sobre uma superfície mostra a importância dessa consequência. As relações espaciais mudam e, portanto, a interação entre os objetos também. Sobre a superfície do jogo temos peças que representam exércitos, e as relações de força e estratégia se transformam de acordo com o tipo de superfície. Já observamos isso na transformação do tabuleiro plano em cilíndrico. E agora para o caso do tabuleiro esférico? Quais as consequências?

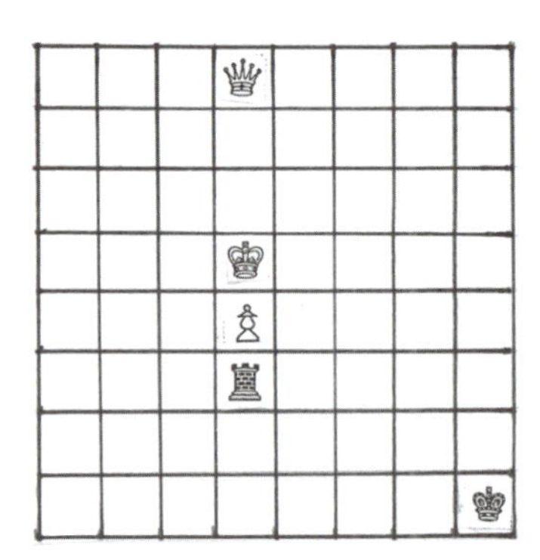

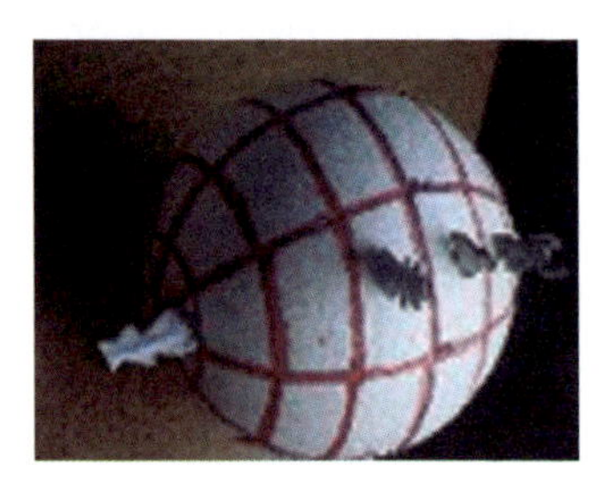

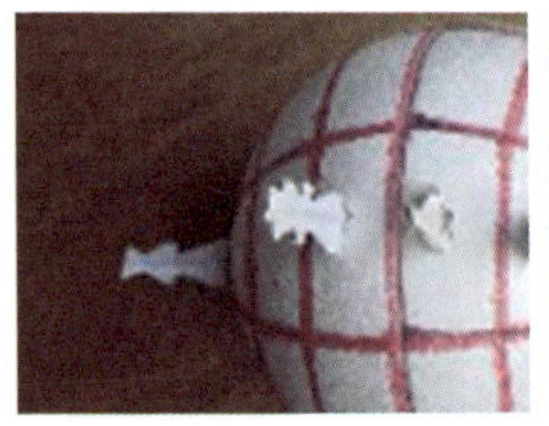

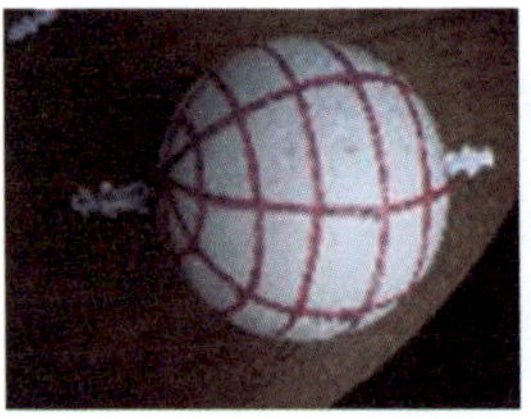

No problema acima, fazemos a transformação de um tabuleiro plano em esférico conduzindo a duas consequências na dinâmica do jogo. Uma delas, pelo motivo da rainha branca e o rei estarem na borda superior e inferior do plano, faz que essas peças fiquem nos polos. Nesse caso, as pretas, além de continuarem em desvantagem, ficam em situação difícil de um xeque.

Nessa experiência sobre o tabuleiro esférico, podem ser feitas muitas outras conexões com conceitos importantes dos conteúdos de Matemática que não são inseridos na maioria dos currículos, por exemplo, os conceitos de latitude e longitude. São coordenadas que têm muitas aplicações e podem ser introduzidas por um *jogo de xadrez esférico ou semiesférico*. Podem ser feitas várias relações com a superfície do globo terrestre. A importância de relacionarmos atividades com estruturas semelhantes está no uso de uma linguagem comum para abordarmos vários problemas não apenas do jogo, mas também do cotidiano.

Uma das reflexões importantes para a formação de um aluno, nesse tipo de atividade, é a demonstração de que os deslocamentos de qualquer corpo sobre a superfície do nosso planeta podem construir uma linha fechada. Em outras palavras, é possível em um deslocamento voltarmos ao ponto de partida se não *mudarmos de direção*. O senso comum não conduz a essa reflexão. Conforme as condições, as linhas das trajetórias de qualquer corpo, sobre a superfície do nosso planeta, podem se fechar independentemente da direção escolhida desde que esta não seja alterada. Por exemplo, a rota dos navios.

Essas experiências com o jogo de xadrez para estudo das várias geometrias criam e recriam instrumentos, ferramentas e modelos que possibilitam estudar a Matemática em uma abordagem com mais significado. E a opção por esse jogo está nas possibilidades de encadeamento que ele propicia no conteúdo matemático. Não é simples construir um *recurso* para cada conteúdo que possibilite a construção de situações desafiadoras.

Na superfície esférica, muitas regras euclidianas conservam-se e outras não. Essas consequências fazem parte de conteúdos definidos como geometrias não euclidianas. O trabalho de usar o jogo de xadrez como um laboratório de geometria não tem como objetivo uma classificação rigorosa dessas geometrias. É interessante limitar o estudo a experiências que mostrem as noções de algumas geometrias que se contrapõem às regras euclidianas.

Com essas noções e com o jogo de xadrez servindo de instrumento e ferramenta, aplicamos o procedimento educacional de mostrar aos alunos que uma *nova* descoberta não exclui outras que já conhecemos. O triângulo é a figura geométrica mais usada na história da Matemática, tanto para o estudo das formas como para relações espaciais. A navegação, a topografia e a astronomia são alguns dos exemplos em que essa figura se transformou em uma estrutura essencial para o desenvolvimento dessas aplicações. As relações e as regras geométricas propiciadas por essa figura foram estudadas exaustivamente. Uma delas se transformou em importante regra de que *sempre a soma dos ângulos internos de um triângulo é igual a 180°*. Para verificarmos essa regra de forma bem didática e divertida, adoto a projeção do movimento da torre que forma um ângulo reto. Na geometria, esse ângulo é uma referência, e aprender a estimá-lo é importante na aplicação de vários problemas. É preciso que o *formato do ângulo reto ou de 90°* seja bem memorizado pelo aluno. A compreensão de um ângulo agudo e obtuso e a qualidade de estimarmos os valores aproximados de outros ângulos como o de *30°*, *45°* e *60°* estão em função desse importante ângulo. Isso sem falar na utilização de sua leitura em instrumentos, como fio de prumo, teodolito, relógio solar. Dessa forma, a *memorização* de que as linhas de projeção da torre são perpendiculares é uma estratégia para que sejam desenvolvidas atividades mais qualitativas em relação ao conceito de ângulo. E uma delas será justamente a leitura da regra de que a soma dos ângulos internos de um triângulo é igual a *180°*.

Em uma folha de papel sulfite, colocamos a torre em qualquer ponto e desenhamos as linhas perpendiculares de suas projeções. Como é uma folha de sulfite, sem malha quadriculada, temos a liberdade de escolher a direção dessas projeções. O que não pode ser alterado é a condição de suas projeções serem sempre perpendiculares. Girando a torre em torno de um ponto temos várias projeções perpendiculares saindo de um único ponto. Para identificar essas linhas é usada uma cor para cada par de linhas perpendiculares.

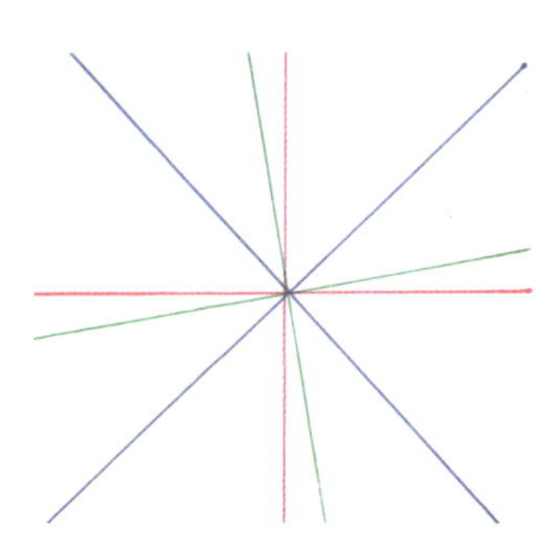

Trata-se de uma transposição de uma estrutura visual e geométrica do jogo de xadrez, especificamente da torre, para outra situação em um plano sem malha quadriculada. Feita essa primeira etapa, escolhemos uma das projeções, por exemplo, a azul, e deslocamos a torre sobre uma de suas linhas. Logo a seguir, a fixamos em um ponto qualquer dessa linha. Nesse ponto, teremos mais duas linhas sendo projetadas perpendicularmente. Mais uma vez podemos girá-las, em torno do ponto fixado, tendo novas projeções de pares de linhas perpendiculares. Escolhemos outra vez uma das projeções com uma cor diferente da azul.

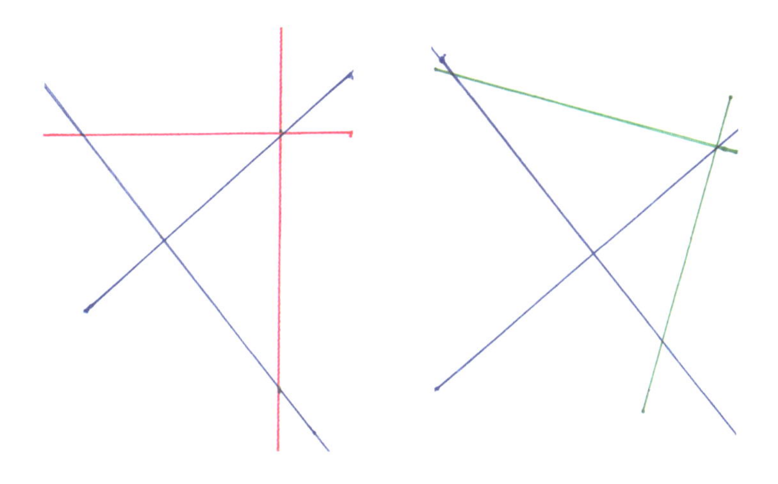

Com essas projeções podemos formar triângulos de vários tipos e com ângulos internos bem diferentes. E ainda podemos utilizar a própria torre para estimarmos o valor de cada ângulo interno dos triângulos escolhidos. A torre é usada como se fosse *um tipo de transferidor*. Dos possíveis triângulos acima, escolhemos um e pintamos sua superfície. As linhas perpendiculares da torre são novamente usadas, agora nos vértices desse triângulo, para ajudar a estimar os ângulos internos dessa figura. A seguir elas estão representadas por linhas vermelhas e pontilhadas.

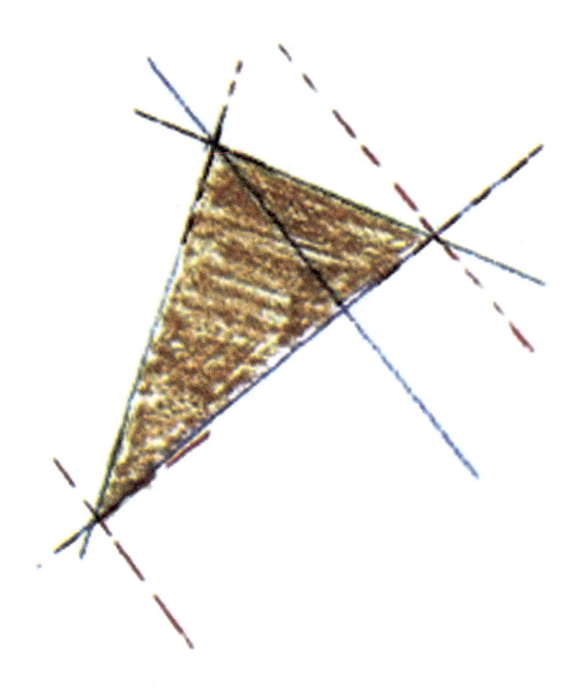

Além da estimativa do valor de cada ângulo, podemos também fazer a estimativa da regra para a soma dos ângulos internos. Completamos esse procedimento com outro tipo de atividade que demonstra essa regra sem o uso do transferidor, um procedimento já bastante conhecido. Pintamos os ângulos internos do triângulo, recortamos e encaixamos um no outro, formando uma *meia-lua*, em outras palavras, 180°.

Então, introduzimos as projeções da torre para mostrarmos que *a meia-lua* formada é equivalente a dois ângulos retos. As linhas de projeção dessa peça, que são perpendiculares e representadas nesta ilustração por linhas pontilhadas e vermelhas, servem de referência para a última etapa de atividade quando os três ângulos são encaixados formando a meia-lua.

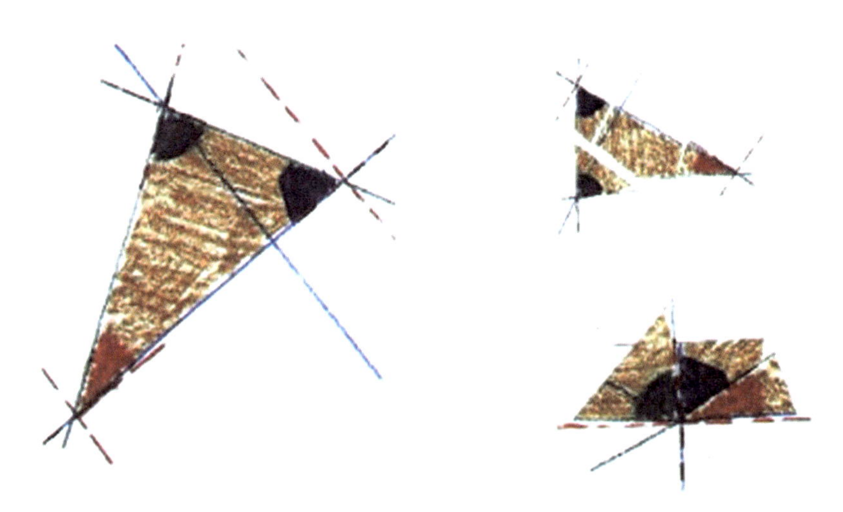

Tal atividade possibilita várias observações que ajudam na construção do conceito de ângulo. A importância da qualidade desse experimento é percebida quando o transferidor é utilizado pelos alunos. Um dos problemas de empregar esse instrumento é a dificuldade dos alunos *definirem as linhas de referência para medir o ângulo desejado.* As várias linhas de projeção da torre girando em torno de um ponto, como já foi apresentado, podem ser adotadas para *ajudar* a utilização do transferidor.

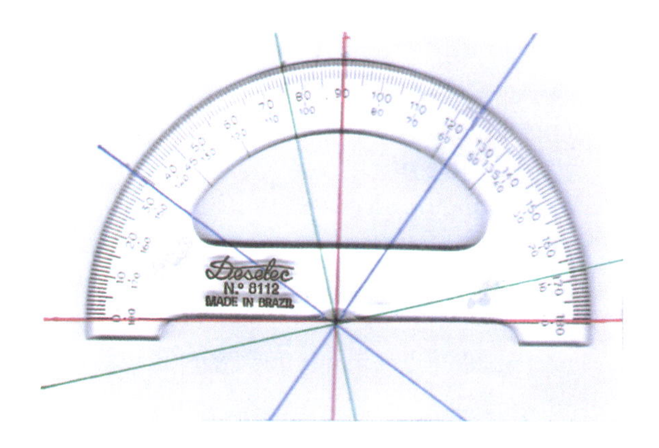

Além das linhas perpendiculares serem referências, é fácil desenhá-las e identificá-las, já que cada par dessas linhas tem uma cor diferente. Assim, com o transferidor, exercitamos a leitura das medidas dos ângulos formados por linhas da mesma cor e de cores diferentes. Uma atividade que ajuda a desenvolver a habilidade desse tipo leitura com esse instrumento.

O importante é compreender, na apresentação dessa atividade, a conexão entre o movimento da torre e o procedimento para se medir ângulo *com processos de visualização* que auxiliam o desenvolvimento do pensamento geométrico. Nessa parte do trabalho, porém, também estamos estudando as consequências geométricas em vários tipos de tabuleiros ou superfícies. Agora, fazemos a mesma experiência da soma dos ângulos internos de um triângulo sobre uma superfície esférica. A torre é usada novamente como um instrumento para medidas qualitativas dos ângulos. As consequências são bem diferentes.

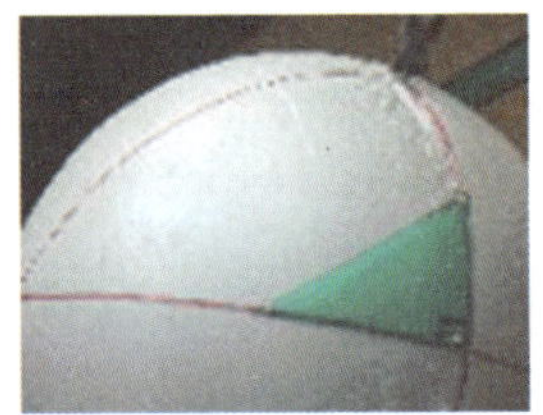
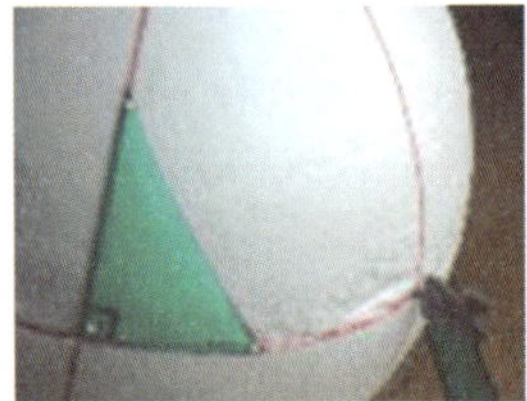
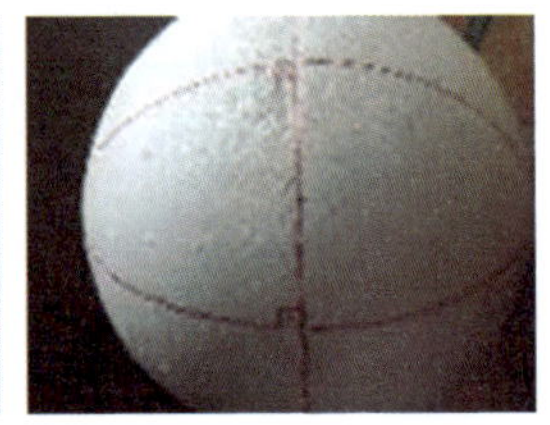

A soma dos ângulos internos do triângulo no qual um dos vértices é no polo é maior que 180°. Isso pode ser verificado de forma bem simples: na ilustração acima, das três fotos da esfera, vamos considerar apenas um dos triângulos formados com as intersecções entre as linhas de latitude e longitude. As linhas perpendiculares à linha da latitude da esfera, no caso as de longitude, convergem ao polo. Como são perpendiculares formam ângulos retos com a base (linha da latitude) e, portanto, a soma é igual a 180° com apenas dois ângulos. A princípio não precisamos nos preocupar com o valor do ângulo no terceiro vértice formado no polo. O que interessa é perceber que a soma dos ângulos internos desse triângulo é maior que 180°. Essa forma qualitativa de medir ou estimar é importante para conseguirmos introduzir as noções da geometria não euclidiana. Noções que são de grande importância para a história da Matemática. Com as torres sobre uma semiesfera de isopor, riscando as projeções dessa peça, é possível introduzir essas noções de uma forma divertida e desafiadora.

Para os triângulos menores *projetados pelas linhas da torre sobre a semiesfera*, repetimos o procedimento de estimar a soma dos ângulos internos de cada triângulo. O aspecto essencial, agora, é mostrar para o aluno que o valor da soma se aproxima de 180°, uma vez que a construção do triângulo é feita em pequenos *fragmentos da semiesfera que se aproximam de trechos com as superfícies mais planas.*

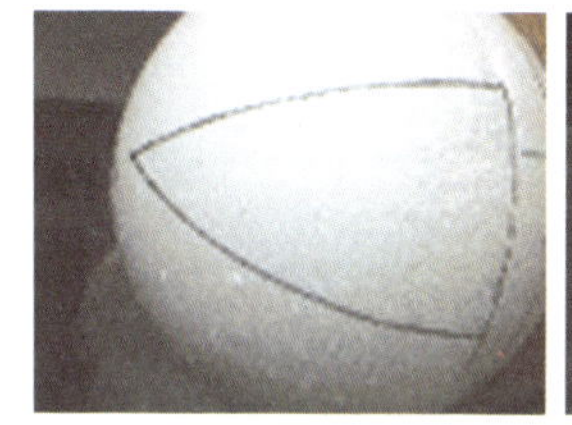
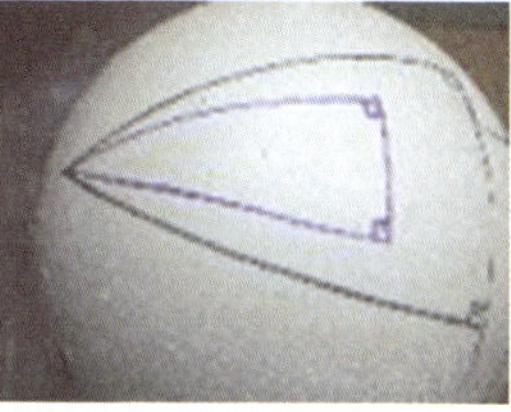
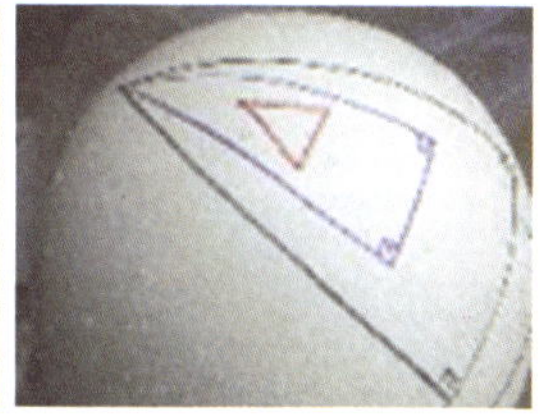

Ainda, partindo dessa experiência, podemos estabelecer uma relação interessante entre as regras da geometria euclidiana e não euclidiana. Para o triângulo maior, das três figuras acima, podemos mostrar que apesar da regra euclidiana da soma dos ângulos internos ser 180° não servir mais para esse caso, outras regras euclidianas ainda podem ser aplicadas. Uma delas é a dos ângulos opostos serem sempre iguais.

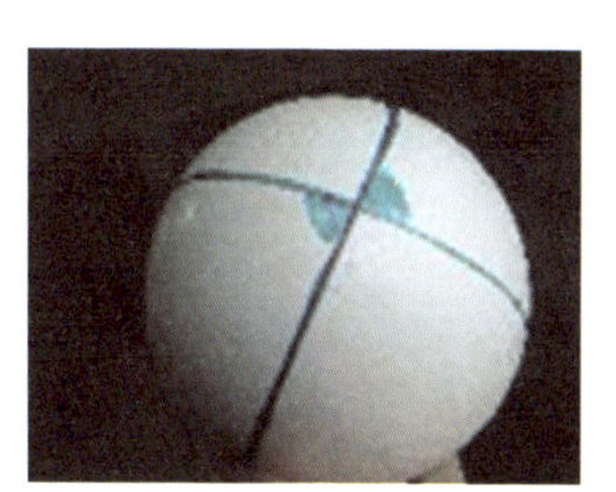
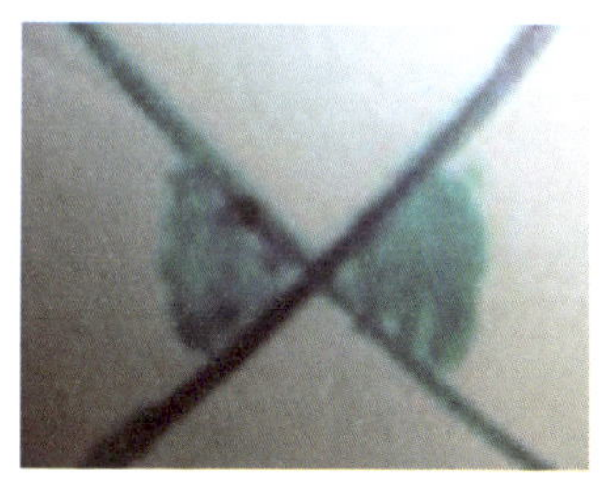

Por que é importante que os alunos observem essas consequências? Exercitar a percepção geométrica de que vivemos em um jogo entre o que é plano e não plano teria de ser um dos objetivos do ensino de geometria. Fazer essas experiências geométricas, euclidianas e não euclidianas, recorrendo ao jogo de xadrez é mostrar *que os modelos e as regras funcionam de acordo com o mundo que experimentamos.*[13] Além disso, é uma demonstração de que as regras mais gerais podem ser aprendidas simultaneamente com as regras mais específicas, mostrando que tanto uma como a outra podem ser válidas dependendo do problema proposto.

As descobertas das geometrias não euclidianas têm implicações em todas as áreas do conhecimento. Se para a história da Matemática são geometrias não euclidianas, para fins didáticos podemos considerá-las no singular, preocupados com o que há de mais essencial para ensinar suas noções. Esse é um dos princípios da educação. E o essencial das geometrias não euclidianas está na demonstração de que *nem sempre existirão linhas paralelas* e, por consequência, nem sempre serão válidas as mesmas regras, como *a soma dos ângulos internos ser sempre* 180°. Na verdade, é se concentrar no questionamento do quinto postulado de Euclides para relacionar as questões mais específicas da Matemática com outras questões mais gerais na formação de um aluno. Fazê-lo pensar que sobre uma superfície esférica *nem sempre conseguimos traçar linhas paralelas.* E, além disso, desafiá-lo a questionar sobre *as linhas que parecem ser paralelas*, e fazê-lo refletir que ao desenhá-las estamos apenas representando *uma idealização*, já que é impossível escaparmos dos erros dos instrumentos. Essa questão não deve excluir os conceitos euclidianos e, sim, por meio

---

13 "Qualquer balança de venda é de mais serventia, no lar, que uma balança química. A própria delicadeza desta, que lhe permite estimar as dimensões do átomo, torna-a inconveniente para usos domésticos. Pois bem, aprendemos ainda hoje a geometria de Euclides para usos domésticos. A geometria dos seus mestres jônios fundava-se, originariamente, na observação de como os homens construíam casas e loteavam terras. Ela cessa de ser útil, quando se trata de determinar a posição da mais distante nebulosa da constelação da Ursa Maior. Essas nebulosas distam de nós mais de trezentos anos-luz. A luz com sua velocidade de dezoito milhões de quilômetros por minuto leva trezentos anos para percorrer o espaço que dela nos separa." (HOGBEN, 1952, p.123)

de contrapontos, ajudar a entendê-los melhor, *mostrando as reais situações em que é possível aplicá-los.*[14]

Trata-se de trabalho fundamentado em vários recortes do conhecimento matemático e apenas um exemplo de geometria não euclidiana é suficiente para o objetivo de mostrar que não há verdades eternas. Elas são temporárias e servem para satisfazer as necessidades e as limitações do conhecimento desenvolvido pelo homem no percurso de sua história. Derivar para outras experiências depende do que estamos ensinando e para quem elas se dirigem. Para o Ensino Fundamental? Para o Ensino Médio? Ou para professores? Em todos esses grupos, tem de ser mostrada a ideia de que o conteúdo de geometria e do jogo de xadrez são ferramentas para interpretar a realidade. Inclusive um sendo a ferramenta do outro, dependendo dos objetivos. Para construir o jogo de xadrez, usamos a geometria. Para aprender geometria, usamos o jogo de xadrez. Uma ferramenta da ferramenta. Esse jogo de transformar o conteúdo em recurso, e vice-versa, é fundamental para *um mundo que sempre se transformou e se transforma.*[15]

O tempo altera o estado de todas as coisas, a forma de abordar um problema, os conceitos, as perguntas e as respostas. A história do jogo de xadrez mostra que as regras, a forma das peças e o formato do tabuleiro também mudam com os nossos hábitos em lidar com os artefatos que produzimos.

---

[14] "Como Matemática aplicada, a Geometria de Euclides é uma boa aproximação, em um campo restrito. Bastante boa para ajudar a fazer um mapa de Rhode Island, já não é para um mapa do Texas ou dos Estados Unidos, ou para a medida de distâncias atômicas ou astrais. Como um sistema de Matemática pura, suas proposições são verdadeiras de modo bastante geral. Isto é, têm validade apenas como proposições lógicas, se tiverem sido deduzidas corretamente de axiomas. Então é possível a existência de outras geometrias com postulados diferentes – na realidade tantas outras quantas os matemáticos queiram inventar." (KASNER e NEWMANN, 1968, p.117)

[15] "Já vimos que a aritmética grega não lograva descobrir o resultado da corrida de Aquiles e da tartaruga. A geometria grega tampouco. Originária da prática de desenhar na areia e de construir coisas permanentes, como edifícios e navios, essa geometria não levava em consideração a existência do tempo. Suas linhas, ângulos e figuras eram todos fixos. Por isso, quando recorremos às figuras imutáveis para orientar-nos na medição de um mundo eminentemente mutável, temos de recolher, às pressas, àquilo que os gregos expurgaram das figuras. Nada há de tão sólido que possa permanecer exatamente tal como é." (HOGBEN, 1952, p.124)

Tudo muda. As construções onde os homens moram ou ficam abandonados, os lugares onde conhecemos nossos amigos, o percurso de nossa casa para o trabalho ou para algum tipo de lazer. Tudo é relação entre a superfície e o espaço. Da mesma maneira que deformamos a massa de modelar ou cortamos o papelão, combinando sempre o volume com a superfície, as ações humanas também deformam as superfícies e os volumes das construções e dos objetos da cidade. Quando por algum motivo econômico isso não ocorre, o tempo se encarrega dessa tarefa.

As deformações dos objetos no ensino de geometria podem ser experimentadas sem nos preocuparmos em definir em que geometria esses problemas são estudados. Ao deformarmos um cubo de massa de modelar para o transformarmos em um bispo ou cavalo do jogo de xadrez, estamos aplicando as *noções de topologia*[16] sem precisarmos, necessariamente, explicitar esse termo. Como professor, estou adotando um conhecimento específico para aplicá-lo no desenvolvimento de aspectos mais gerais no ensino de Matemática, como imaginação e criatividade. O importante é que certos conceitos da Matemática, às vezes, não precisam ser definidos com termos ou palavras pelo professor. Apenas mostrá-los por meio de aplicações já é suficiente, e dessa forma podem ser usados para desenvolver outros conceitos. Esse é um modo de utilizarmos o conteúdo da Matemática para aprimorar sua *linguagem* na aprendizagem de vários conceitos.

A faixa de Moebius é um dos experimentos da topologia. O procedimento mais comum para construir essa curiosa faixa é torcer uma fita de papel e colar seus extremos. Essa atividade questiona novamente o nosso *senso comum*, agora, sobre o conceito de superfície. Para que isso fique claro é interessante construir outra faixa também fechada nos extremos, *sem ser torcida*, para ser comparada à faixa de Moebius.

---

16 "Em meados do século XIX, iniciou-se um desenvolvimento da Geometria que logo iria se tornar uma das grandes forças da Matemática moderna. A nova matéria, chamada de *analysis situs* ou Topologia, tem como objeto de estudo as propriedades das figuras geométricas que persistem mesmo quando as figuras são submetidas a deformações tão drásticas que todas as suas propriedades métricas e projetivas são perdidas." (COURANT e ROBBINS, 2000, p.285)

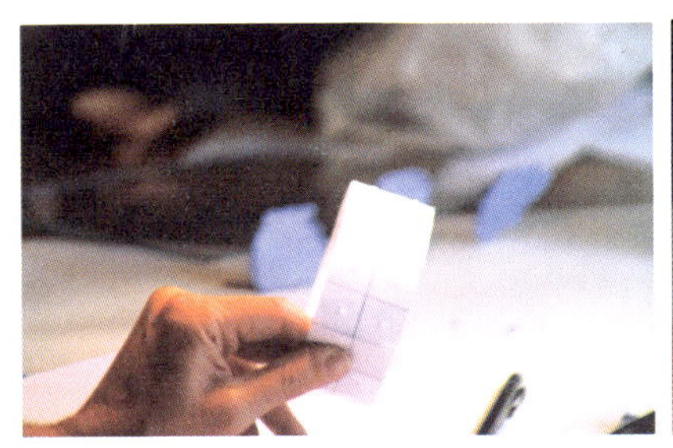

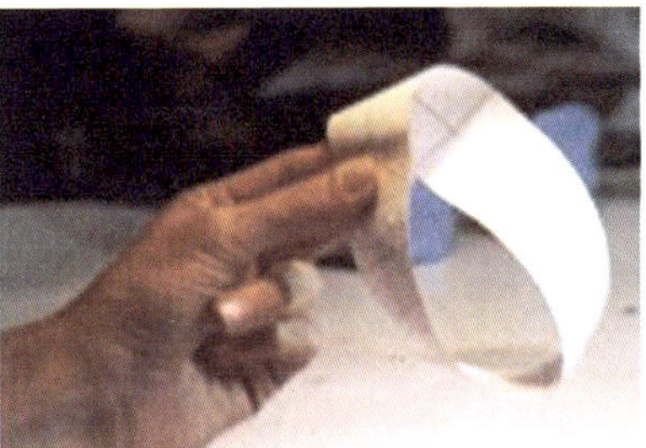

A mudança da *estrutura da faixa* questiona nossa noção comum sobre a superfície dos objetos e do mundo. Estamos habituados a interpretar a superfície como externa e interna. No entanto, a faixa de Moebius mostra a maneira de confeccionarmos uma faixa com uma única superfície. É mais uma atividade em que grande parte de sua qualidade está em razão da possibilidade *de confeccionarmos para verificarmos essas consequências*. As questões agora são o que podemos explorar delas e qual recurso utilizaremos para esse fim. Confeccionar um tabuleiro de xadrez com o formato da faixa de Moebius possibilita questões interessantes para o desenvolvimento do pensamento geométrico. Para que ocorra a torção com uma certa facilidade, de acordo com o material, construímos apenas um fragmento do tabuleiro. Pode ser, por exemplo, de 32 casas distribuídas em 2 colunas e 16 linhas. Primeiro colocamos uma torre sobre esse fragmento do tabuleiro, ainda plano, e verificamos que o máximo de casas que a torre ameaça na projeção de seu movimento é de 16 casas. Isso em qualquer posição.

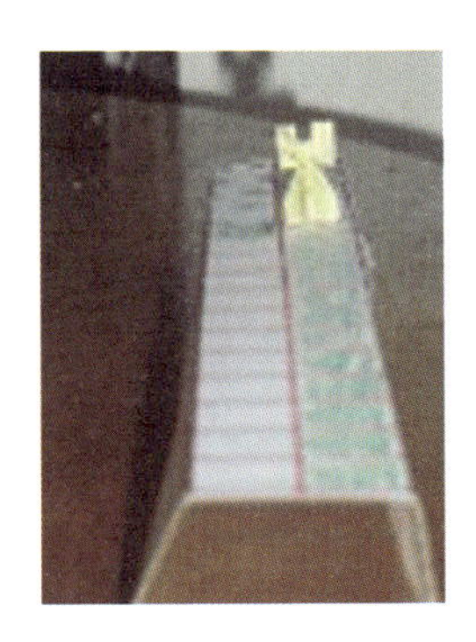

Depois dessa projeção feita no plano, torcemos o fragmento do tabuleiro transformando-o em uma faixa de Moebius. Com isso, temos a primeira consequência interessante. Quem a confecciona percebe a necessidade de que a face oposta do fragmento também seja quadriculada.

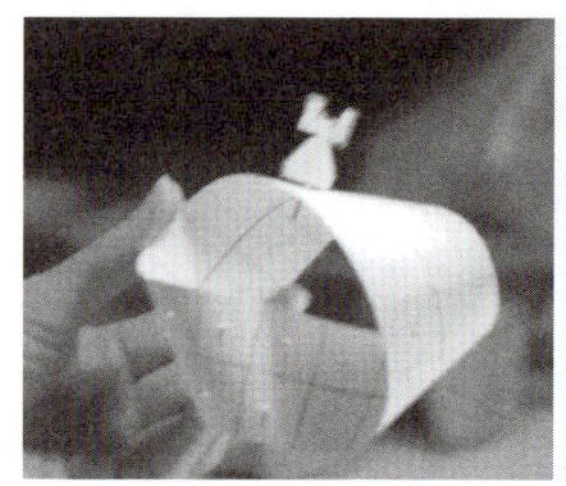

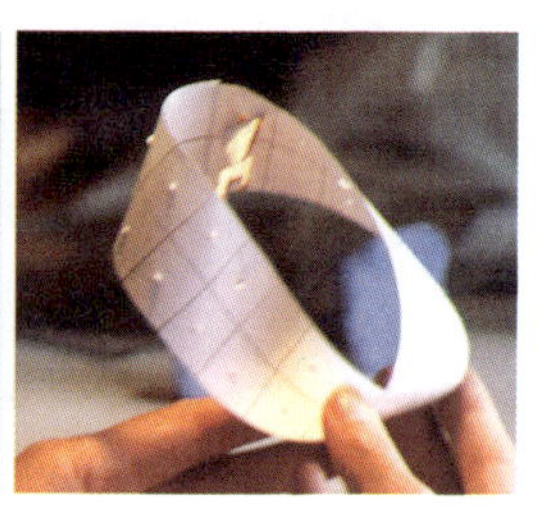

Então, somos obrigados a construir 64 casas! E, assim, a torre colocada em qualquer posição ameaça 32 casas em vez de 16. A projeção do movimento além de produzir uma linha fechada, como no cilindro e na esfera, faz o número de casas projetadas dobrarem nesse tipo de superfície.

As peças do jogo de xadrez sobre a faixa de Moebius produzem vários problemas de lógica, e ao serem transportados para outros tipos de superfície permitem comparações que estimulam a percepção e o pensamento geométrico.

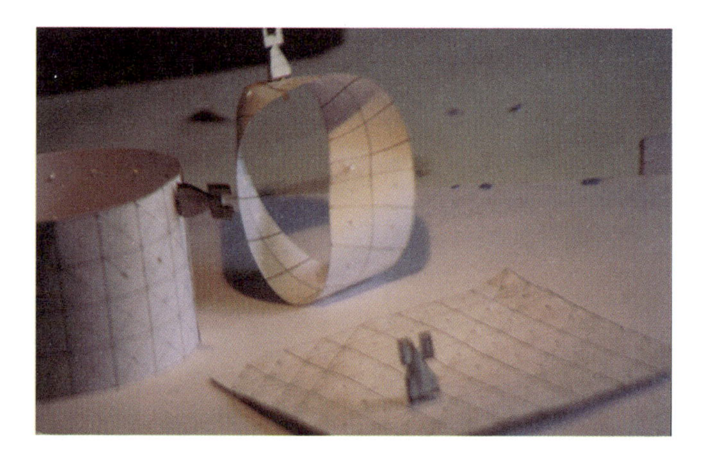

Para ainda investigar melhor a relação entre o que o se define ser externo ou interno , introduzimos o modelo de um cilindro com toda a superfície quadriculada, tanto interna como externamente. As projeções dos movimentos das peças podem passar de uma superfície externa para a interna, ou vice-versa. Assim, das duas direções possíveis do movimento da torre, usa-se apenas uma delas para essa passagem. Já para o bispo, as duas projeções atravessam tanto a superfície externa quanto a interna.

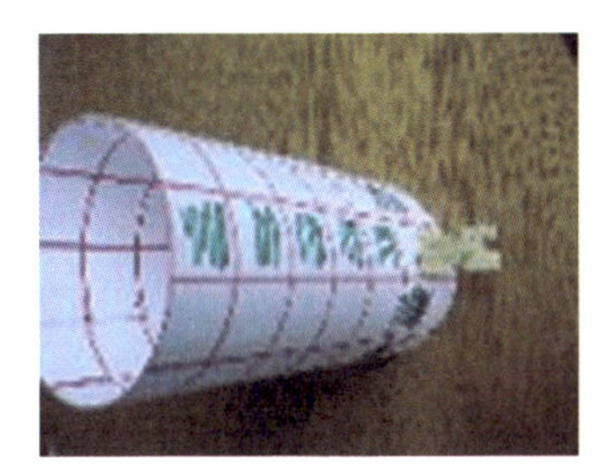

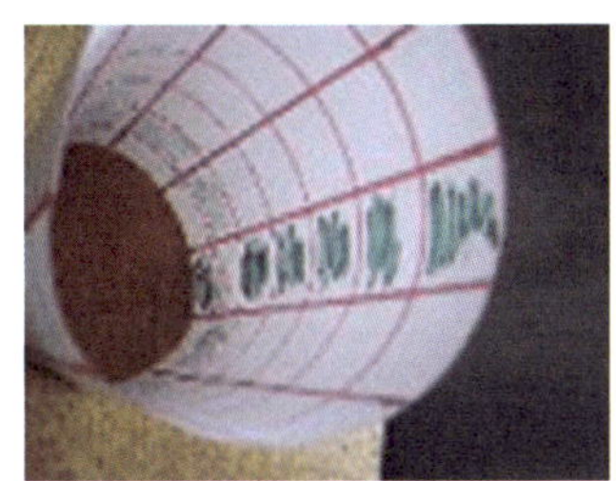

Para encerrar esse conjunto de atividades com superfícies não planas, utilizamos mais uma vez a faixa de Moebius, agora, para fazer o cálculo da área da superfície dessa faixa. Adotamos o mesmo procedimento dos experimentos anteriores. A superfície é quadriculada para que a visualização seja facilitada e a área é calculada com a contagem do número de quadrados. Os problemas de lógica estimulados por esse tipo de faixa se relacionam com os conceitos euclidianos. Essa atividade exemplifica, novamente, as relações que devem ser desenvolvidas em um currículo de Matemática. Não são apenas conexões de conceitos a serem ensinados, são também ações que interferem na nossa forma de abordar, perguntar e responder. Antes de elaborarmos um currículo de Matemática, é bom experimentarmos a dinâmica dessas atividades.

As experiências aqui apresentadas permitem o ensino de vários tipos de geometria e mostram que podem ser ensinadas sem isolarmos uma da outra. Qualquer parcialidade é um erro. É como se retirássemos um dos exércitos durante uma partida de xadrez. O conflito e a tensão fazem parte de qualquer jogo, seja no jogo de xadrez, no conhecimento ou na relação de ensino-aprendizagem. Tudo dependerá da abordagem e da linguagem adotada, que muitas vezes podem ser construídas com *perguntas bem simples.*[17] Por que a soma dos ângulos internos de um triângulo é *sempre* 180°? As aulas de Matemática têm de absorvê-las.

O currículo de Matemática precisa oferecer elementos para que professor e o aluno possam interagir com esse conhecimento de forma crítica, dinâmica e criativa, ações fundamentais para quem se dispõe a ensinar. A história da Matemática demonstra que os conceitos se alteram segundo as necessidades. Por que adotar sempre o mesmo *procedimento, as mesmas interações* para ensinarmos perímetro, área e volume? Por que as figuras geométricas são apresentadas sempre da mesma forma? O currículo tem de absorver o jogo, o desenho e a confecção como recursos para melhorar a interpretação das noções e dos conceitos matemáticos.

---

[17] "Em seus dias de escola, prezado leitor, certamente você entrou em contato com a soberba construção da geometria de Euclides, e talvez se lembre, mais com respeito do que prazer, desse imponente edifício cujas alturas mestres compenetrados levavam-no a percorrer durante horas e horas. Por força desse passado, certamente você haveria de dedicar um gesto de desprezo a qualquer um que ousasse declarar errada mesmo a mais insignificante proposição dessa ciência. Mas tal sentimento de orgulho e segurança talvez o abandonasse logo que alguém lhe fizesse esta pergunta: 'O que você entende quando afirma que essas proposições são verdadeiras?'" (EINSTEIN, 1999, p.11)

Capítulo 6

Currículo: um projeto para várias experiências

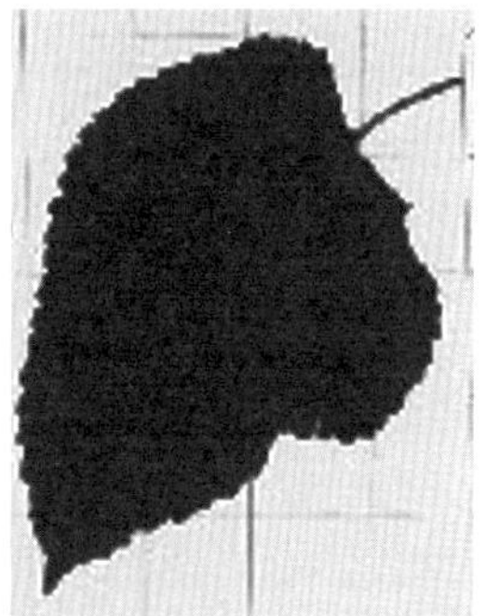

Cálculo da área da folha

Quase todos, senão todos os textos dos documentos oficiais divulgaram *vários tipos de objetivos* para alterar a dinâmica curricular. Não quero discutir a diferença existente entre um documento e outro, mas a questão: em que medida as mudanças dos objetivos curriculares influenciam a prática do professor em sala de aula? É possível trocarem-se os objetivos desconsiderando os anteriores?

Os objetivos geram processos de aprendizagem, e sua elaboração e adoção dependem de certas condições específicas estabelecidas entre o professor e a sala de aula. Os objetivos não são independentes dos caminhos escolhidos pelo professor para desenvolver determinado tema ou tópico. Discuti esse problema, no Capítulo 2, quando analisei a relação entre os recursos e os objetivos. Os processos de aprendizagem são ações já descobertas ou que ainda serão desenvolvidas pelo professor para gerar curiosidade em relação a um assunto ou para desenvolver conceitos, procedimentos e atitudes. Depois de descobertos transformam-se em tipo de recurso *não na forma de objetos*, por exemplo, um vídeo, mas em procedimentos para transmitir um determinado conhecimento. Só que esses processos são construídos partindo-se de experiências *acumuladas, tanto pelos professores quanto pelos alunos*, e dependem da qualidade de interação desses dois papéis sociais, aluno e professor, que são a alma da escola. Os professores apontam e escolhem os supostos caminhos para melhorar a aula com base em suas práticas e reflexões, enquanto os alunos interagem com as opções feitas pelo professor. É nessa relação que acho importante discutir o conceito de experiência educacional e sua importância para melhor entendimento de tal conceito na elaboração de um currículo.

Para isso, vamos recorrer ao exemplo de um professor de Matemática cujo objetivo é ensinar a operação de potenciação no terceiro ciclo do Ensino Fundamental. Suponhamos que ele seja influenciado pelo discurso de que mostrar esse conceito pela resolução de problemas é bem melhor do que por definições e exercícios que exigem apenas a *técnica da operação*. Se a primeira situação é de muito mais qualidade do que a segunda, possibilitando relações, inferências de outros conceitos com variadas aplicações, muitas vezes quem chega a essa conclusão não é o professor. Este infelizmente passa a ser convencido por *slogans* e não por experiências.

A análise de que ensinar apenas as definições aos alunos empobrece a qualidade da relação de aprendizagem não é mostrada. Faz-se um superficial e limitado julgamento com o *slogan* de que esse caminho *não desenvolve o raciocínio*. É como se quem fizesse essa afirmação tivesse o poder de mapear e investigar todas as relações e interações possíveis que ocorrem em uma aula. É como se todas as aulas de

Matemática dadas por vários professores, em escolas diferentes, partindo desse caminho julgado como *tradicional,* convergissem para um mesmo resultado. Essa forma de avaliação não ocorre só para desvalorizar um tipo de experiência. Da mesma forma cega que a desvaloriza, também a valoriza. Discutir a qualidade de um caminho de aprendizagem é diferente de aceitá-lo simplesmente porque alguém o definiu como o melhor. Além da diferença de qualidade de cada estratégia, aprender potenciação por resolução de problemas, ou por definições, poderá ser a mesma coisa se o professor não tiver a oportunidade de refletir sobre o que possibilita uma *experiência pedagógica com mais qualidade.* Imagine a situação dele introduzir resoluções de problemas e não se preocupar com outras interações importantes como, por exemplo, discutir com a sala o motivo que o faz ensinar um determinado conteúdo.

Outro aspecto relevante da relação de aprendizagem é que esta não depende unicamente da intenção do professor. Ela é construída em um jogo das suas experiências educacionais e das dos alunos. Pode ser unânime que no caminho pela resolução de problemas exista muito mais qualidade que por meio das definições, no entanto, isso não impossibilita o professor de um insucesso, com essa estratégia, pelo simples fato de os alunos não estarem *habituados* a desafios e dificuldades. O mais importante é lembrar sempre a possibilidade do insucesso, e que diante dele o professor poderá *insistir* ou *experimentar outras perspectivas.* Essa reflexão também vale para o caso em que ocorre o sucesso. Isso porque este pode ser obtido com experiências de pouca qualidade, como é caso dos alunos lembrarem somente da definição da potenciação sem ter a mínima noção do seu significado. Ter a ousadia de experimentar, independentemente de um resultado bom ou ruim na sala de aula, é uma das melhores ações que um professor pode ter com seus alunos.

Para o sucesso ou insucesso, diante dos objetivos escolhidos pelo professor e pela escola, *a ação de experimentar* tem que estar sempre presente com *a intenção de melhorar a qualidade.* Por isso, para essa ação não se concebe a exclusão de qualquer caminho de aprendizagem. No caso exemplificado, o professor poderá experimentar os dois caminhos, tanto o das definições quanto o da resolução de problemas, e perceber que um *complementa o outro.* O próprio caminho de aprendizagem pode ser fragmentado em outros bem menores, com os respectivos pontos de partida e chegada. São os passos dados durante a aprendizagem de algo que está sendo ensinado. E, na experiência da sala de aula, observamos que *não existe uma regra que defina a ordem entre o aspecto geral e o específico de um conteúdo.* Sabemos apenas que o aprendizado desses dois aspectos pode acontecer ao mesmo tempo. Por isso, um caminho de aprendizagem é muitas vezes indefinido. Ele acontece na experiência e na ação.

Não temos o total controle da direção, dos passos dados, por mais que a aula seja planejada. Os objetivos podem e devem ser mudados, tendo-se como referência os objetivos escolhidos anteriormente. Assim, existirá sempre uma conexão com o que já foi executado, com a história da aprendizagem na sala de aula, ajudando a avaliar e a definir melhor objetivos e recursos a serem utilizados durante a aula.

Para melhorar a qualidade de uma aula é preciso ter a consciência de que é perigoso acreditar na existência de um único caminho de aprendizagem julgado *como sendo o melhor.*[1] É importante que existam vários caminhos, mesmo que sejam aparentemente menos interativos. Estes poderão servir de recursos, suportes e contrapontos aos objetivos delineados pelo professor e pela escola. É importante que haja compreensão de quem dirige a escola de que os caminhos de aprendizagem para melhorar a aula não dependem somente da intenção, da experiência e da qualidade da abordagem feita pelo professor. A experiência *educacional acumulada pelos alunos também tem que ser referência.*[2]

Confeccionar objetos para ampliar conceitos geométricos é uma experiência pedagógica ainda bastante ousada para as aulas de Matemática. E dependendo das condições que são dadas ao professor, mui-

---

1 Por último, se é verdade que o professor deve realmente fazer atenção à natureza dos seus alunos, é de se esperar que modifique os seus métodos e objetivos no decorrer do seu ensino, e que faça isso em resposta ao próprio processo de ensino. O seu ensino, portanto, não é comparável a um molde fixo, mas, ao contrário, a um plano que pode ser modificado pelas próprias tentativas de executá-lo. (SCHEFFLER, 1974, p.64)]

2 Porém, falar de encorajar a "criatividade" é algo prejudicial, a não ser que as crianças possuam também competências; falar de "resolver problemas" é hipocrisia, a não ser que as crianças estejam suficientemente informadas para reconhecer um problema real quando ele aparecer. (PETERS, 1979, p.129)

tos procedimentos poderão ser adiados. Este professor terá de recorrer a outros modos mais viáveis em relação às condições diagnosticadas por ele. Essa exigência, produto da relação possível com a sala de aula, poderá propiciar uma qualidade abaixo do que o professor idealiza, no entanto, poderá ter resultados importantes para experiências posteriores. O que não podemos é *julgar o caminho de aprendizagem escolhido* pelo professor antes que este possa descrever as condições e a intenção do seu trabalho.

Na educação, para que haja diálogo com qualidade, é preciso ter consciência de que aquilo que o *professor consegue fazer não é uma consequência direta do que ele se propõe a fazer.* Com essa interpretação é que poderemos valorizar as experiências acumuladas pelo professor e pela escola, e a partir delas construir um debate com as novas propostas para melhorar o trabalho na sala de aula. Eleger um único caminho para a aprendizagem a partir de julgamentos bem particularizados de algumas áreas do conhecimento é destruir as poucas possibilidades de diálogo que podem existir na escola. A resolução de problemas por meio de textos pode ser excelente estratégia para área cognitiva da educação, no entanto, só esse tipo de experiência limitará o desenvolvimento do aluno.

O currículo poderá ser um recurso que estabeleça um jogo entre *as experiências acumuladas pela escola e as novas experiências possíveis de serem feitas.* Matemática para marcenaria, Matemática para alimentação, Matemática para jogos serão boas experiências educacionais se *não se fixarem apenas ao tema,* obrigando que este sirva de eixo para outras experiências. Experiências essas abertas às relações, recortes e conexões com várias áreas do conhecimento, com o discernimento de priorizar o que é viável no contexto em que a experiência é construída. A restrição de alguma experiência fica em razão disso e não de um julgamento de valor. Assim, todas as escolas poderão ser *experimentais.*[3]

[3] Em resumo, pode-se dizer que qualquer classe ou escola experimental constitui um projeto de ação que representa uma tentativa de solução de problemática pedagógica. Esse projeto de educação, à semelhança de qualquer esforço educativo, compreende, implícita ou explicitamente, uma interpretação pedagógica de uma

A opção por um único modo de aprendizagem limita a experiência educacional e revela uma perigosa crença *na forma* de ensinar. A aprendizagem não se dá em condições idealizadas. Ela parte do que é viável. Muitas vezes, ensinei a potenciação não com base em problemas, mas na definição. Essa opção era em função das condições oferecidas pela escola. Muitos alunos em uma única sala, a escola sem recursos para imprimir textos conduziam a estratégia de apresentar somente a definição e exercícios de aplicação. Mas isso em nenhum momento excluiu a minha intenção de também experimentar a resolução de problemas. Os objetivos curriculares não podem ser construídos só em função da *qualidade das ideias*. É fundamental considerarem-se os percursos já construídos pela escola. Isso não é resistir ao que é novo, mas permitir a reflexão e o significado para as transformações que são propostas. Os objetivos curriculares são intenções. Mas de quem? Dos professores? Dos alunos? Dos pais? Das equipes técnicas dos governos e das escolas? Quem possui a melhor intenção ou um objetivo de melhor qualidade? Para isso são essenciais o debate e a liberdade para poder se experimentar várias perspectivas. Discutir um currículo em uma escola é praticar a democracia. As diferenças dos mais variados pontos de vista em relação à concepção curricular que compõe uma escola precisam ser expressos e não simplesmente substituídos.

A escolha do conteúdo ou dos recortes, as conexões entre os conceitos e procedimentos, a indicação de um conjunto de capacidades a serem desenvolvidas podem ser interpretadas como uma parte do currículo. Além dos objetivos, o currículo pode descrever processos que permitam encadeamentos para uma dinâmica curricular com a preocupação de melhorar o significado e a compreensão do conteúdo. Só que isso não pode ficar em função somente do texto impresso em documentos oficializados por secretarias, ministérios ou, ainda, por equipes que dirigem as escolas. O que se lê precisa ser interpretado e debatido com os vários pontos de vista construídos pela prá-

---

concepção do destino humano. E essa interpretação abrange as opções feitas desde a fixação dos objetivos educacionais até o amplo elenco de decisões referentes à organização, desenvolvimento e avaliação do processo educativo nas suas várias fases e dimensões. (AZANHA, 1972, p.89-90)

tica para produzir um discurso reflexivo e não simplesmente *slogans educacionais.*[4]

Muitas vezes, a escola é seduzida por propostas aparentemente inovadoras. O problema não está na intenção dessas propostas, e sim na forma como são absorvidas pela escola. Por exemplo, um professor fica empolgado com um novo objetivo curricular, o de envolver os alunos com a *Matemática do cotidiano.* Esse professor pode levá-los a um supermercado para investigar as relações Matemáticas presentes nesse lugar. Essa iniciativa abrange ações pedagógicas importantes, como a de sair da sala de aula para experimentar outros espaços, alterar as relações didáticas, enfim, vários procedimentos importantes. Só que isso não significa que o enfoque dos problemas de Matemática nas aulas desse professor sofra algum tipo de alteração.

A Matemática do cotidiano é um *slogan* e pode ter vários desdobramentos conforme o contexto em que é desenvolvida.[5] O cotidiano é um conceito relacionado ao que se faz ou ao que acontece habitualmente na vida de uma pessoa. Em outras palavras, pode ser entendido como várias interações dessa pessoa com o meio em que está inserida. Assim, se considerarmos pelo menos as condições econômicas e culturais, já teremos uma diversidade de cotidianos. Só por essa condição, já estaremos envolvidos com a pergunta: *que cotidianos devem ser explorados?* Para exemplificar melhor, vamos imaginar uma sociedade tecnológica e um professor definindo que a Matemática do cotidiano é o conteúdo ou conhecimento matemático utilizado na produção de vários tipos de equipamentos e produtos que interferem nas relações dessa sociedade. Para esta situação, mesmo em uma sociedade com

---

[4] SCHEFFLER, Israel. *A linguagem da educação.* São Paulo: Saraiva/EDUSP, 1974.

[5] Os slogans educacionais se desenvolvem, com frequência, em doutrinas operacionais autônomas, que convidam e merecem ser criticadas enquanto tais. É importante lembrar, nesse ponto, que, embora tal crítica seja inteiramente justificada, é necessário que seja complementada por uma crítica autônoma dos movimentos práticos que deram origem aos slogans em questão, bem como por uma crítica das doutrinas de que eles nasceram. Podemos resumir dizendo que o que é necessário é uma crítica do teor tanto literal quanto prático dos slogans; as doutrinas originárias, outrossim, deverão ser independentemente avaliadas. (SCHEFFLER, 1974, p.47)

poucas desigualdades, temos de considerar parcelas da população que não interagem ou experimentam as conquistas tecnológicas. Muitas famílias, por estarem excluídas em função do desemprego, ou ainda por outros fatores, poderão ter seus filhos imersos em um cotidiano bem diferente do que está sendo recortado e proposto pelo professor. O *cotidiano dos aspectos mais gerais que regram tal sociedade* poderá estar bem distante *do cotidiano de um grupo de alunos*. Assim, se partirmos *apenas do cotidiano* valorizado pelo professor estaremos impondo um modelo de aprendizagem com o problema, já muito conhecido, de um conhecimento distante e sem significado. Em contraponto, se partirmos só do cotidiano dos alunos correremos o risco, dependendo do meio com o qual estão interagindo, de nos isolarmos em um universo com poucas interações. Nas duas situações, causas de uma mesma exclusão que deteriora e desequilibra a rede de interações entre o indivíduo e o seu meio, teremos que *experimentar ações* na busca de um equilíbrio. Tanto para o coletivo quanto para *o individual* são necessárias ações que gerem curiosidades e desafios ampliando a troca desses dois campos ou, em outras palavras, para *os vários cotidianos produzidos socialmente*.[6]

O objeto de estudo escolhido pode não estar momentaneamente no universo do aluno, mas poderá gerar curiosidade e servir como elemento que articule o entendimento de muitos conceitos fundamentais da Matemática para seu enriquecimento cultural. Bom exemplo para isso é apresentação da consequência do quinto postulado euclidiano sobre uma superfície esférica. Apesar de não ser percebido pelos alunos em seu cotidiano, pertence ao cotidiano das rotas dos navios e dos aviões. Escolhido esse recorte, é uma parte do cotidiano que pode ter uma ação educacional bastante saudável, inquietando e causando

---

[6] Dispensável repetir que a experiência não sucede no vácuo. Há fontes fora do indivíduo que a fazem surgir. E essas nascentes a alimentam constantemente. Ninguém discutirá que uma criança de favela tem experiência diferente da de uma criança de um lar cultivado de classe média, que o menino do campo tem experiência diversa da do menino da cidade, e o das praias diferentes da do sertão. Geralmente tudo isso é demasiado óbvio para merecer registro. Mas quando se conhece a sua importância em educação, temos o segundo modo em que o educador pode dirigir a experiência do jovem, sem exercer imposição. (DEWEY, 1971, p.32)

estranhamento em relação às noções e conceitos assimilados pelo senso comum das pessoas.

Agora, se partirmos unicamente do que os alunos já conhecem, o *conhecimento prévio*, teremos também que buscar estratégias para gerar curiosidades, estranhamento ou desafios. A relação de aprendizagem é um jogo entre o que se conhece e o que se desconhece. E, sendo um jogo, não podemos privilegiar uma das partes. Cada uma delas deve agir para o desequilíbrio e equilíbrio. Só assim existirá jogo. Só assim existirá aprendizado.

Assim, tanto o quinto postulado euclidiano como o funcionamento de uma lanterna são recortes do conhecimento que, conforme as relações ou abordagens com eles construídas, podem pertencer ao cotidiano ou não das pessoas. Como funciona uma lanterna? O que acontece com dois navios que partem em rotas perpendiculares à linha do Equador na mesma direção e sentido? Nos dois casos são feitos recortes diferentes de um certo cotidiano, o que propicia experiências diferentes. Os recortes *para a confecção de um currículo* não podem ficar em função de *slogans*. Devem, sim, propiciar uma rede de *experiências* para os vários tipos de objetivos sendo um deles, por exemplo, explorar os vários cotidianos dos alunos.

Os *slogans* sem a relativa interpretação e crítica são responsáveis por muitos equívocos e dificultam o diálogo que deve existir na escola. O *slogan* conhecido como *ensino tradicional* é um outro exemplo. Construído com base em uma crítica a antigas práticas escolares, esse *slogan* passou a ser um julgamento quase subliminar de que todas as práticas escolares antigas são ruins. Dessa forma, deixou de sintetizar uma crítica e passou a inibir um conjunto de práticas interpretadas como tradicionais. Essa inibição é um dos aspectos que destruiu o diálogo para as *outras práticas* que definimos como mais progressistas. É um grande equívoco acreditar que basta mudar os objetivos para que as práticas dos professores também sejam alteradas.

Os professores devem ter o direito de mostrarem e defenderem o que já fazem. Isso é tão importante na formação de um professor quanto o direito de criar ou inventar novas propostas. As duas situações requerem construções de argumentos e devem ser estimuladas simultaneamente para que se garanta uma formação de qualidade tanto para um professor como para um aluno. Um aluno pode gostar mais das técnicas operatórias do que dos processos exigidos para a análise de um problema. Pode inclusive gostar mais por achar mais fácil. Se esse gosto do aluno restringe o seu universo cultural, no caso em relação à Matemática, então é fundamental que ele tenha a chance de participar de outras experiências que mostrem que a Matemática é muito mais ampla do que as técnicas operatórias. Isso também ocorre com o professor. Participar de uma experiência não é ficar ouvindo alguém discursando sobre a importância dos novos objetivos curriculares ou, ainda, reproduzir situações construídas por grupos de especialistas. Experimentar não é reproduzir nem o que se fala, nem o que se ouve nem o que se faz. Também não é substituir automaticamente um tipo de conhecimento por outro. Entre o que necessitamos e o que desejamos está o significado. Entre o intervalo do que se conhece e o que se desconhece está o aprendizado, as experiências. O desafio é descobrir a qualidade delas.

1. A qualidade do currículo e a qualidade da experiência

O recurso como uma ação ou um objeto, que auxilia a atingir um determinado objetivo, foi analisado no Capítulo 2. O currículo de Matemática é um recurso para ensinarmos uma parte do conhecimento matemático que as escolas elegem como o mais fundamental para seus alunos. Nisso, há intenções e direcionamentos para certos tipos de experiências.

Na escola, necessidades e desejos devem ser expressos e discutidos a partir de critérios bem claros. O desejo do professor de ensinar um conceito pode ser expresso para o aluno como uma necessidade. O sentido inverso também vale. O desejo do aluno pode ser traduzido como necessidade. Os desejos dos professores podem refletir as necessidades de uma sociedade, dos pais, do governo ou simplesmente de experiências anteriores acumuladas pela escola. Enfim, se não tivermos parâmetros e critérios para entender o que são necessidades e desejos, aquelas se confundirão em uma rede de subjetividade que inviabilizará qualquer projeto educacional.

É fundamental ter uma reflexão que as *experiências anteriores mudam as condições objetivas para as experiências posteriores*.[7] São essas condições que passam a ser referência para a construção de critérios em relação à qualidade das experiências. E tê-las como referência não é aceitá-las, mas entendê-las como *processos que estão sendo modelados*. Um bom exemplo para isso são os recursos tecnológicos. Quais são os aspectos que fazem esses recursos melhorarem a qualidade da educação? Provavelmente não é por serem tecnológicos, mas pelo modo como serão usados pelo professor e pela escola. Nesse *como serão usados* estão os objetivos e os processos possíveis durante a aprendizagem. Faço questão de reafirmar que certos tipos de conteúdos e recursos facilitam a produção de mais relações e conexões, mas isso não pode ser valorizado de forma excessiva. Não é porque o jogo da velha tem uma árvore de jogo mais limitada que não possa ou não deva ser ensinado.[8]

Um professor tenta ensinar conceitos de geometria e define que para ensinar área é necessário que o aluno aprenda primeiro o conceito de perímetro. A princípio pode ser uma estratégia desse professor. Se o aluno aprende perímetro por definição fazendo vários exercícios, que exigem apenas que ele some as medidas dos lados de vários polígonos, podemos afirmar que essa atividade proporciona poucas interações. No entanto, é arriscado concluir que por possuir poucas interações é limitada ou de pouca qualidade. Tudo depende para quem está sendo proposta e em que contexto. Se fosse assim a experiência de desenhar um

---

[7] Experiência não se passa apenas dentro da pessoa. Passa-se aí por certo, pois influi na formação de atitudes, de desejos e de propósitos. Mas esta não é toda a história. Toda genuína experiência tem um lado ativo, que muda de algum modo as condições objetivas em que as experiências se passam. A diferença entre a civilização e estado selvagem, para tomar um exemplo em grande escala, decorre do grau em que prévias experiências mudaram as condições objetivas em que se passam as experiências subsequentes. (DEWEY, 1971,p.31)

[8] Não é porque se negue a qualidade nutritiva ao rosbife que não alimentamos o bebê com ele. Não é por qualquer prevenção contra a trigonometria que não a ensinamos na escola primária. Não é a matéria "per se" que é educativa, ou conducente a crescimento. Somente em relação ao estádio de crescimento do jovem é que a matéria pode vir a revelar-se educativa, não havendo nenhuma que por si mesma tenha valor educativo intrínseco. (DEWEY, 1971, p.39-40)

objeto seria pobre, na medida em que exige somente a observação, concentração e uma relação psicomotora entre o objeto observado e sua representação. Para quem nunca desenhou, essas três interações são *intensas*. Não é só o número de habilidades estimuladas ou desenvolvidas por uma experiência que define a sua qualidade. A viabilidade é um dos parâmetros.

Por isso, para a descrição de um projeto curricular é importante analisarmos a qualidade das experiências possíveis de serem construídas em sala de aula, na escola, e os *critérios que possam ajudar a definir tal qualidade*. Ter a responsabilidade de escolher um currículo viável que reflita as experiências já realizadas pela escola e as possíveis de serem feitas é o primeiro passo para melhorarmos a qualidade das situações e interações no interior da escola.

Um projeto denominado *Matemática para marcenaria* poderá proporcionar experiências com qualidade ou não. Tais projetos também podem se transformar somente em *slogans*. Dependendo do contexto, esse projeto poderá ter sucesso em uma escola e fracassar em outra, sobretudo se houver a tentativa de uma simples reprodução ou transposição sem a mínima avaliação das condições oferecidas em cada uma. Todo o trabalho com o jogo de xadrez descrito até aqui foram experiências e ensaios feitos em várias escolas em épocas e séries diferentes. Em algumas escolas, só foi feita a confecção, em outras foram construídas somente as atividades descritas no Capítulo 3, mas, em todas as situações, a busca na construção de várias relações, conexões e recortes com o objetivo de melhorar a qualidade da aula foi semelhante. Muitas vezes, foram feitas atividades mecânicas como a de recortar repetitivamente a mesma face de uma figura para confeccionar uma peça. Por estar inserida em um *projeto maior* com *outras intenções*,[9] além de confeccionar peças, garantiu novas relações.

---

[9] Apesar da "educação" não distinguir processos específicos, implica, no entanto, certos critérios que os processos envolvidos devem satisfazer de acordo com a exigência de que algo valioso precisa se dar. Implica, antes de mais nada, que a pessoa educada deverá se interessar pelas coisas valiosas que participam da educação e deverá alcançar os padrões de conduta pertinentes. (PETERS, 1979, p.112)

As experiências geométricas desenvolvidas com o jogo de xadrez formam uma rede que permite construir relações com vários tipos de objetivos, desde os aspectos mais específicos do conteúdo de Matemática como os mais gerais relacionados à formação dos alunos. Permite o estudo simultâneo de temas como a lógica, a posição, o movimento, a simetria e a forma. Temas esses que estabelecem várias relações com as informações e os conceitos da Matemática contemporânea que precisam ser absorvidos pelos currículos escolares. Além disso, relaciona processos como desenhar, recortar, pintar, esculpir, enfim, processos esses também contidos em outras áreas do conhecimento. Assim, *o desdobramento dessas experiências em rede* ajudou a aprendizagem dos conceitos matemáticos e possibilitou confeccionar novos currículos com uma dinâmica que lhes dê mais significado. O currículo passou a ser também uma *árvore de jogo* cujos percursos e desdobramentos podem ser analisados pelo professor. Da mesma forma que utilizamos a *árvore do jogo* para analisarmos as melhores jogadas durante uma partida, agora poderemos utilizar *a árvore do currículo para também estudarmos e analisarmos quais as melhores experiências em cada aula ou em cada contexto.* O trabalho *Geometria e Estética: experiências com o jogo de xadrez* é um exemplo dessas práticas com início, meio, mas, felizmente, sem fim.

Bibliografia

ABBOT, Edward. *Flatland. O País Plano*. Lisboa: Gradiva, 1993.

ADLER, Irving. *A matemática e o desenvolvimento mental*. São Paulo: Cultrix, 1965.

AGOSTINI, Franco; ALBERTO, Nicola. *Juegos de la Inteligencia*. Madrid: Edições Pirâmide, 1989.

ALEKSANDROV, A. D. et al. *La Matemática: su contenido, métodos y significado*. Madrid: Alianza Editorial, 1994.

AZANHA, José Mário P. O Conceito de Experimentação Educacional. Tese (Doutorado) apresentada à Faculdade de Educação da USP. São Paulo, 1972.

BOLT, Brian. *Matemáquinas*. Lisboa: Gradiva, 1994.

BOYER, Carl B. *História da matemática*. São Paulo: Edgard Blücher, 1974.

BRASIL. Secretaria de Educação Fundamental. Parâmetros Curriculares Nacionais: Matemática. *Brasília: MEC/SEF, 1998*.

BRAUN, Eliezer. *Caos, Fractales y Cosas Raras*. México: Fondo de Cultura Económica, 1996.

BRONOWSKI, Jacob. *O olho visionário*. Brasília: Editora da Universidade de Brasília, 1998.

CABANNE, Pierre. *Marcel Duchamp*: Engenheiro do tempo perdido. São Paulo: Perspectiva, 1997.

CAILLOIS, Roger. *Os Jogos e os Homens.* Lisboa: Edições Cotovia, 1990.

CAMPEDELLI, Luigi. *Fantasia e lógica na matemática.* São Paulo: Hemus, 1973.

CARAÇA, Bento de Jesus. *Os Conceitos Fundamentais da Matemática.* Lisboa: Oficina Gráfica Manuel A. Pacheco,1978.

CARVALHO, José Sérgio F. de. Construtivismo: uma pedagogia esquecida pela escola. Tese (Doutorado) apresentada à Faculdade de Educação da USP. São Paulo, 2000.

DANTZIG, Tobias. *Número:* A linguagem da ciência. Rio de Janeiro: Zahar, 1970.

DAVIS, Philip; HERSH, Reuben. *A experiência matemática.* Rio de Janeiro: Francisco Alves, 1985.

DEVLIN, Keith. *Matemática – A ciência dos padrões.* Portugal: Porto Editora, 2002.

DEWEY, John. *A Escola e a Sociedade, A Criança e o Currículo.* Lisboa: Relógio D'água Editores, 2002.

__________. *Democracia e educação.* São Paulo: Companhia Editora Nacional, 1959.

__________. *Experiência e educação.* São Paulo: Companhia Editora Nacional, 1971.

DUCASSÉ, Pierre. *História das Técnicas.* Portugal: Publicações Europa-América, s/d.

EIGEN, Manfred e WINKLER, Ruthild. *O Jogo.* Lisboa: Gradiva, 1989.

EINSTEIN, Albert. *A teoria da relatividade especial.* Rio de Janeiro: Contraponto, 1999.

ERNST, Bruno. *O espelho mágico de M.C. Escher.* Alemanha: Taschen, 1991.

EVES, Howard. *Tópicos de história da matemática para o uso em sala de aula* – Geometria. São Paulo: Atual, 1992.

FERREIRA, Aurélio Buarque de Holanda. *Novo Aurélio século XXI:* o dicionário da língua portuguesa. Rio de Janeiro: Nova Fronteira, 1999.

FEYNMAN, Richard P. *Física em seis lições.* Rio de Janeiro: Ediouro, 1999.

FOCILLON, Henri. *A Vida das Formas.* Lisboa: Edições 70, 1943.

FRUTIGER, Adrian. *Sinais & símbolos.* São Paulo: Martins Fontes, 1999.

GARDNER, Martin. *Ah, Apanhei-te.* Lisboa: Gradiva, 1993.

GERDES, Paulus. Sobre o Despertar do Pensamento Geométrico. Tese (Doutorado) em filosofia apresentada no Instituto Superior Pedagógico "Karl Friedrich Wilhelm Wander" de Dresden. Alemanha, 1986.

GILLES, Brougère. *Jogo e educação.* Porto Alegre: Artes Médicas, 1998.

GUÉTMANOVA, Alexandra. *Lógica.* Moscou: Edições Progresso, 1989.

GUIK, E. *Jogos Lógicos.* Moscou: Editora Mir, 1989.

GUILLEN, Michael. *Pontes para o Infinito.* Lisboa: Gradiva, 1998.

GUINZBURG, Carlo. *Mitos, emblemas e sinais.* São Paulo: Companhia das Letras, 1989.

HIRST, P. H.; PETERS, R. S. *A lógica da educação.* Rio de Janeiro: Zahar, 1972.

HOGBEN, Lancelot. *Maravilhas da matemática.* Rio de Janeiro: Globo, 1952.

HUIZINGA, Johan. *Homo ludens.* São Paulo: Perspectiva, 1980.

HUNTLEY, H. E. *A divina proporção – Um ensaio sobre a beleza na matemática.* Brasília: Editora Universidade de Brasília, 1985.

KANDINSKY, Wassily. *Ponto e linha sobre o plano.* São Paulo: Martins Fontes, 1997.

KARLSON, Paul. *A magia dos números.* Rio Grande do Sul: Globo, 1961.

KASNER, Edward e NEWMAN, James. *Matemática e imaginação.* Rio de Janeiro: Zahar, 1968.

KHALFA, Jean. *A natureza da inteligência.* São Paulo: Fundação Editora da UNESP, 1996.

KHUN, Thomas S. *A estrutura das revoluções científicas.* São Paulo: Perspectiva, 1996.

KHURGIN, Ya. *Did you say mathematics?* Moscou: Mir, 1988.

KLINE, Morris. *Matemáticas para los estudiantes de humanidades.* México: Fondo de Cultura Económica, 1992.

__________. *O fracasso da matemática moderna.* São Paulo: Ibrasa, 1976.

LASKER, Edward. *História do xadrez.* São Paulo: Ibrasa, 1999.

LAUND, Luiz Jean. *O xadrez na Idade Média.* São Paulo: Perspectiva, 1988.

MACHADO, José Pedro. *Dicionário Etimológico da Língua Portuguesa.* Lisboa: Livros Horizonte, 1974.

MARINA, José Antonio. *Teoria da Inteligência Criadora.* Lisboa: Caminho, 1995.

MUNARI, Bruno. *Design e Comunicação Visual.* Lisboa: Edições 70, 1968.

OSTROWER, Fayga. *A sensibilidade do intelecto.* Rio de Janeiro: Campus, 1998.

PASSMORE, John. *The Philosophy of Teaching.* London: Duckworth, 1980.

PAULOS, John Allen. *O Circo da Matemática.* Portugal: Publicações Europa-América, 1991.

PERELMAN, Y. I. *Matemática Recreativa.* Moscou: Editora Mir, 1989.

__________. *Problemas y experimentos recreativos.* Moscou: Editora Mir, 1983.

PERRENOUD, Philippe. *Construir as competências desde a escola.* Porto Alegre: Artes Médicas Sul, 1999.

PETERS, R. "Educação como iniciação". ARCHAMBAULT, R. *Educação e análise filosófica.* São Paulo: Saraiva, 1979.

RICHARD, Courant e ROBBINS, Herbert. *O que é matemática?* Rio de Janeiro: Ciência Moderna, 2000.

SCHEFFLER, Israel. *A linguagem da educação.* São Paulo: Saraiva/ EDUSP, 1974.

__________. *Reason and Education.* Londres: Routledge, 1998.

SECRETARIA DE ESTADO DA EDUCAÇÃO. COORDENADORIA DE ESTUDOS E NORMAS PEDAGÓGICAS. *Proposta Curricular para o Ensino de Matemática: 1° grau.* São Paulo: SE/CENP, 1992.

__________. *Proposta Curricular para o Ensino de Matemática: 2° grau.* São Paulo: SE/CENP, 1989.

SERRES, Michel. *As Origens da Geometria.* Lisboa: Terramar, 1997.

SOBRE O LIVRO

Formato: 14 x 21 cm
Mancha: 25,8 x 43,6 paicas
Tipologia: Horley Old Style 10,5 x 13,8
Papel: Offset 75 g/m² (miolo)
Cartão Supremo 250 g/m² (capa)
1ª edição: 2008

EQUIPE DE REALIZAÇÃO

Edição de Texto
Maria Teresa Galluzzi (Preparação de Original)
Nair Kayo e Isabel Baeta (Revisão)
Oitava Rima Prod. Editorial (Atualização Ortográfica)

Editoração
Oitava Rima Prod. Editorial

MUNDIALGRÁFICA
www.mundialgrafica.com.br